IMPRESSUM

HEEL Verlag GmbH
Gut Pottscheidt
53639 Königswinter
Telefon 0 22 23 / 92 30-0
Telefax 0 22 23 / 92 30 26
E-Mail: info@heel-verlag.de
Internet: www.heel-verlag.de

Verantwortlich für den Inhalt: Udo Paulitz

Lektorat: Joachim Hack, Bad Honnef
Satz und Gestaltung: Grafikbüro Schumacher, Königswinter
Lithographie: Collibri PrePress GmbH, Königswinter
Druck: Koelblin-Fortuna-Druck GmbH & Co. KG, Baden-Baden

Printed in Germany

ISBN: 3-89880-295-7

Udo Paulitz

Klassische Lastwagen

im Alltagseinsatz

HEEL

Die letzte Station vor dem Schneidbrenner! Am Rande eines Schausteller-Winterquartiers in der Nähe Mönchengladbachs wartete diese offenbar schon längere Zeit abgestellte Zugmaschine auf ihr fast sicheres Ende. Das 1959 gebaute Fahrzeug war ein MAN 750 L 1 mit Kurzpritsche. Äußerlich in einem passablen, vor allem vollständigen Zustand und daher durchaus erhaltenswürdig. Ende der 70er-Jahre, als dieses Bild entstand, sahen die Überlebenschancen für derartige Fahrzeuge keineswegs gut aus. Auf der Straße sah man diese klassischen Hauber kaum noch; auf Schrottplätzen oder Speditionshöfen abgestellt gab es sie hingegen noch wesentlich häufiger. Trotzdem war das Interesse an einer Erhaltung dieser immer seltener werdenden Relikte damals noch sehr gering. Bis es oft zu spät war. Heute, nachdem diese Jahrgänge fast nirgendwo mehr aufzutreiben sind, würde sich so mancher Sammler die Finger danach lecken!

Inhalt

Einleitung

Als sich das siebte Jahrzehnt des vorigen Jahrhunderts seinem Ende zuneigte, wurde der gesamte bundesdeutsche Straßengüterverkehr bereits von modernen Frontlenker- oder zumindest neuzeitlichen Kurzhaubenlastwagen beherrscht ... Der gesamte? Nein! Einige wenige unbeugsame wie eigensinnige Fuhrunternehmer und Spediteure hörten nicht auf, den modernen und fortschrittlichen Frontlenkern Widerstand zu leisten. Sie wollten sich von ihren zwar betagten, dafür aber zuverlässigen und vertrauten Fahrzeugen partout nicht trennen. Dabei störte es sie wenig, wenn sie von manchen ihrer Kollegen als rückständig bezeichnet und hinterrücks belächelt wurden. Wieder andere betrachteten sie mit einer gewissen Bewunderung und zogen den Hut vor dem schier endlosen Vertrauen zu der längst veralteten Technik. Mit den notwendigen Ersatzteilen hatten sich die Besitzer in vielen Fällen auf Jahre hinaus eingedeckt. Irgendwann einmal aber war es vorbei. Sei es aus Altersgründen des Fahrers oder dann, wenn sich der betriebliche Erhalt des altgedienten Veteranen nun wirklich nicht mehr lohnte, oder aber die TÜV-Hürde eine unüberwindliche Höhe erreicht hatte. Dann schlug jedem dieser Relikte aus einer längst vergangenen Zeit die Stunde und damit der Abschied vom Straßenverkehr.

Andere, nicht mehr für den öffentlichen Straßenverkehr zugelassene, aber noch betriebsbereite Fahrzeuge fristeten ihre letzten Lebensjahre im innerbetrieblichen Werksverkehr, in Kies-, Sand- und Tongruben oder in den unterschiedlichsten untergeordneten Diensten. Die Verwendung als Geräteschuppen, Baubude oder für ähnliche stationäre Zwecke stellte oftmals die letzte Stufe des Abstiegs auf dem Wege zur Verschrottung dar. Manche Fahrzeuge mussten während ihres langen Daseins nachträgliche Umbauten über sich ergehen lassen, die ihr äußeres Bild zum Teil grundlegend veränderten. So wurden beispielsweise die Aufbauten von Fernverkehrs-Lastwagen entfernt und diese zu Abschlepp-Kranwagen umgerüstet. Diese Form des Einsatzes kam recht häufig vor, wobei diese alten Kämpen hin und wieder noch richtig gefordert wurden und ihre sprichwörtliche Zuverlässigkeit und Robustheit unter Beweis stellen konnten. Andere Fahrzeuge dienten als fahrbare Bohrwinden, als Plattform für Baukräne oder mobile Tankanlagen. In diesen Betätigungsfeldern konnte es durchaus vorkommen, dass die meist nur gering ausgelasteten oder mit einem Spezialaufbau versehenen Fahrzeuge noch über Jahre im Einsatz blieben. Auch die Schaustellerbranche bediente sich gerne aus der großen Zahl gebrauchter Nutzfahrzeuge. Als Zugmaschinen fanden manche ein neues Aufgabengebiet. Gerne verwendete man hierfür ausgesonderte, ältere Sattelzugmaschinen. Deren Radstände brauchten nicht verkürzt zu werden und der heckseitige Aufbau einer Kurzpritsche für Ballastgewichte war recht einfach. Ebenso häufig wurden Lkw-Fahrgestelle auf Zugmaschinengröße verkürzt und entsprechend umgearbeitet.

Am endgültigen Ende ihrer Laufbahn wartete meist der Schweißbrenner und die Verschrottung im Hochofen. Dies bezieht sich selbstverständlich auch auf die in diesem Buch gezeigten Fahrzeuge, von denen heute nur noch wenige am Leben sein dürften. Denn diejenigen Exemplare, die das Glück hatten, in Sammlerhände überzugehen, waren eindeutig in der Minderzahl. Meist waren dies Fahrzeuge, die bereits während ihrer Einsatzzeit von Oldtimerfans gesichtet und dadurch in der Szene bekannt geworden waren.

Leider begann ich viel zu spät, erst Ende der 70er-Jahre, alte Nutzfahrzeuge und Feuerwehren mit einer gewissen Systematik zu suchen, aufzustöbern und abzulichten. Früher richtete sich mein ganzen Tun und Trachten nach der Dampflokomotive. Erst als diese Zeit unwiderruflich zu Ende ging, begannen sich meine Sinne auch anderen Relikten älterer Technik gegenüber zu öffnen. Mein erstes bewusst geschossenes Lastwagen-Foto entstand zwar schon im Herbst 1975, aber dies war ein eindeutiges Zufallsprodukt. Denn der Fahrer dieses Oldtimers wollte ebenso wie ich einen Dampfzug fotografieren und hielt daher auf einer Straßenbrücke. Nachdem er mich darüber aufgeklärt hatte, dass auch sein Lkw – es war der in diesem Buch abgebildete blaue MAN F 8 – ebenfalls ein Oldtimer sei, machte ich ein einziges Foto von diesem damals schon überaus seltenen Wagen.

1977 war der Dampfbetrieb bei der Bundesbahn beendet und ich suchte ein neues fotografisches Betätigungsfeld. Auf den nahe liegenden Gedanken, mich nun älteren Nutzfahrzeugen zu widmen, kam ich damals noch nicht. Sie fie-

Zwei Veteranen, die noch vor 25 Jahren die Oldtimerfahne hoch hielten: oben ein im Auftrag der Bauunternehmung Philipp Lehmann laufender, 1969 gebauter Henschel H 140 Allradkipper in Aktion auf dem Düsseldorfer Hafengelände in der Nähe des Kraftwerks Lausward. Das Fahrzeug sichtete ich zufällig bei einer Fahrt durch den Hafen während meiner Mittagspause. Nach Aussage des älteren, sehr zugänglichen Fahrers, der das gute Stück wie seinen Augapfel hütete, hatte der Henschel bereits über 800.000 Kilometer auf dem Buckel. Auf der Abbildung unten wird gerade ein Mercedes-Benz LAK 311/36 auf einer Baustelle in der Nähe Gummersbachs von einem Fuchs-Bagger beladen. Letztere gibt es heute auch kaum mehr.

len mir zwar schon auf, aber zu Fotos ließ ich mich nur höchst selten hinreißen. Ebenso wenig registrierte ich deren schnelles Verschwinden, wie z.B. das eines schönen schwarzen Rundhauber-Kohlenwagens mit Anhänger, den ich immer auf dem Weg zur Arbeit vom Zug aus sah. Einmal stand er nicht mehr da und war verschwunden. Der eigentliche Auslöser, der das Fallen des besagten Groschens bei mir bewirkte, waren verschiedene, eigentlich den Dampflokomotiven gewidmete Tagesbesuche in Ostberlin in den Jahren 1978/79. Denn ich kam aus dem Staunen nicht heraus, was es im Berliner Ostsektor noch alles auf den Straßen zu sehen gab. Ich fühlte mich geradezu in eine andere Zeit versetzt. Denn neben Pkw aus der Vorkriegsära und den frühen 50er-Jahren waren auch teilweise 40 Jahre alte Lastwagen darunter. Zwar auch nicht mehr in Massen, aber immerhin gab es sie. Es war spannend wie ein Krimi, denn jede Straßenecke konnte eine neue Überraschung bereit halten. Der Entschluss, nicht nur die Dampflokomotiven, sondern auch diese seltenen Relikte fotografisch festzuhalten, fiel daher ganz spontan. Damals hatte ich weder Routine noch war ich geistesgegenwärtig genug, mich notfalls vor ein gesichtetes Fahrzeug mitten auf die Straße zu stellen, um es anzuhalten. Deshalb blieb so mancher Wagen, wie etwa der Borgward Hansa und der Ford Ruhr in Köpenick, oder auch der etwa 1947 gebaute, plötzlich um eine Straßenecke biegende Mercedes 170 mit Holzaufbau unfotografiert.

Wieder im „goldenen" Westen kam schnell die Ernüchterung. Fernlaster mit Haube waren praktisch ausgestorben. Das galt auch für fast alle übrigen Lastwagenmodelle der 50er-Jahre, denen man im Straßenbild kaum noch ansichtig wurde. Selbst den 60er-Jahrgängen ging es schon unerbittlich an den Kragen. Trotzdem konnte es noch durchaus vorkommen, dass mal auf der Gegenspur ein Mercedes L 311, ein Rundhauber oder ein Opel Blitz 1,75 t entgegenkam, oder man auf der Autobahn einen Cummins-Krupp überholte. Ebenso konnte das Absuchen von Gewerbe-, Industrie- oder Hafenarealen durchaus lohnend sein. Mit der Zeit aber verlagerte sich meine Tätigkeit zwangsläufig mehr und mehr dahin, Insidertipps aus dem Freundes- und Bekanntenkreis konsequent nachzugehen und diese Standorte nach vorheriger Terminvereinbarung aufzusuchen. Überaus hilfreich war dabei die Tatsache, dass sich das Interesse an alten Nutzfahrzeugen langsam zu formieren begann. Sogar eine Zeitschrift namens „Elefant", der spätere „Historische Kraftverkehr", gab es damals schon. Im Anzeigenteil konnte ich zeitweise Suchanzeigen schalten, die mir viele Kontakte – sowohl hinsichtlich interessanter Standorte als auch zu Gleichgesinnten – einbrachten.

Einen Standort zu kennen, das war das A und O – alles andere war „nur" noch mit Aufwand, Geduld, Organisation und einer Portion Glück verbunden. Dabei kamen mir die wachsenden bundesweiten Kontakte mehr und mehr zugute, die sich schon bald auch nach Österreich, in die Schweiz und die Benelux-Länder ausdehnten. So gelang es mir trotz allem, doch noch so manchen älteren Lkw im Einsatz zu erwischen. Aber um welchen Preis – konnte man früher diesen Fahrzeugen sozusagen an jeder Ecke begegnen, musste ich nun zum Teil sehr große Entfernungen dafür zurücklegen. Viele der dabei aufgespürten Fotoobjekte waren keineswegs mehr in einem vorzeigbaren, geschweige denn neuwertigen optischen Zustand. Manche waren durch Umbauten und jahrelangen Einsatz schwer gezeichnet, andere wiederum fast Schrott. Aber auch von diesen Fahrzeugen, die sich in ihrer natürlichen unretuschierten Patina präsentierten, geht durchaus eine Faszination aus.

Oft genug galt es, in irgendeiner Ecke abgestellte, nicht mehr betriebsbereite Fahrzeuge mit Hilfe der Schleppstange oder durch Muskelkraft, in eine halbwegs fotogene Umgebung zu befördern. Die Besitzer mussten dazu überredet und animiert, tatkräftige Helfer gesucht werden. Einmal half eine zufällig vorbei kommende Schulklasse beim Schieben – den begeisterten Kindern machte dies offensichtlich mehr Spaß als der Mathematikunterricht! Manche Enttäuschung blieb allerdings nicht aus, wenn die Sache nicht wie vorgesehen klappte, oder sich unvorhersehbare Schwierigkeiten in den Weg stellten. Vieles, was ich dabei erlebt habe, mag für manche Außenstehende zumindest recht abenteuerlich, wenn nicht gar nach Jägerlatein klingen. Und wenn ich heute in meinen Aufzeichnungen von damals blättere, kann selbst ich es mir manchmal kaum noch vorstellen, wie ich das riesige Pensum – denn in noch viel größerem Umfang kamen ja noch die Feuerwehrfahrzeuge dieser Jahrgänge hinzu – bewältigt habe.

In diesem „Bilderbuch" mit seinen überwiegend unveröffentlichten Fotoaufnahmen, sollen die allerletzten Jahre dieser Epoche noch einmal lebendig werden. Es sind Aufnahmen noch im Einsatz stehender, bereits abgestellter, oder gerade erst von Sammlern übernommener, nicht restaurierter Fahrzeuge. Sie zeugen von einer Zeit, an die sich viele Leser und Betrachter bestimmt gerne zurückerinnern werden. Mir als Autor bleibt zu hoffen, mit der vorgelegten Bildauswahl Ihren Geschmack getroffen zu haben. In diesem Sinne wünsche ich viel Spaß und erholsame Stunden bei dieser Lektüre.

Udo Paulitz, Duisburg

Dieses melanchonisch-nachdenklich stimmende Bild eines auf einer Wiese am nördlichen Rande des Ruhrgebiets vor sich hin rostenden Mercedes-Benz L 3500- oder 311-Kippers scheint typisch für das Schicksal vieler der in diesem Buch gezeigten Lkw-Veteranen. Das tatsächliche Ende sah aber zumeist ganz anders, viel brutaler aus. Fast immer verrichtete der Schneidbrenner seine Arbeit. Er zerlegte die einstmals stolzen Veteranen in handliche Teile, die dann den nimmersatten Hochöfen zum Fraß vorgeworfen wurden. Ein Ende, das diese einstigen Vertreter des Straßengüterverkehrs gewiss nicht verdient hatten. Aber für einige von Ihnen ist ein Märchenprinz in Gestalt eines Sammlers aufgetaucht, der sie vor diesem traurigen Schicksal bewahrt hat.

Borgward

Die Lkw-Modelle der Bremer Carl F. W. Borgward AG gehörten in den 50er-Jahren zu den interessantesten Nutzfahrzeugen in Deutschland, wobei dieser Hersteller vornehmlich in den leichteren Nutzlastklassen vertreten war. Schon im September 1961 musste für die in Folge einer teilweise verfehlten und zu weit gestreuten Modellpolitik unter finanziellen Druck geratene Borgward-Gruppe das Konkursverfahren eingeleitet werden. Eine besonders starke Verbreitung dieser Marke war vor allem im norddeutschen Raum zu verzeichnen. Die Produkte dieses renommierten Herstellers erfreuten sich eines ausgezeichneten Rufes, einer guten Verarbeitungsqualität und Zuverlässigkeit. Vor 25 Jahren war aber auch für die letzten Überlebenden die Zeit nahezu abgelaufen. Nur noch mit viel Glück oder aufgrund gezielter Informationen war es möglich, Lastwagen dieser Marke, die ohnehin nicht in so großen Stückzahlen verbreitet waren, ganz vereinzelt noch im Einsatz anzutreffen. Dieser zufällig auf einem kleinen Schrottplatz in der Nähe von Rommerskirchen bei Grevenbroich im Jahr 1981 fotografierte B 4500-Kipper hatte seine aktive Zeit bereits hinter sich. Als ich einige Monate später wieder dort vorbei kam, stand er nicht mehr da.

Einst gehörte der schmucke, von amerikanischen Stileinflüssen der Nachkriegsära geprägte Borgward B 1500 zu den besonders fortschrittlichen Schnelllastwagentypen der frühen 50er-Jahre. Zusammen mit den ähnlich konzipierten Hanomag- und Opel-Modellen zählte er zu den Hauptstützen des Nah- und Verteilerverkehrs in der Wirtschaftswunderzeit. Wahlweise mit Vergaser- oder Dieselmotor erhältlich, war den Borgward-Werken mit diesem 1,5-Tonner ein derart erfolgreicher Wurf gelungen, dass er ohne gravierende Änderungen von 1952 bis 1960 als leichter Haubenlastwagen im Verkaufsprogramm der Bremer zu finden war. Zu Beginn der 80er-Jahre

war aber auch er als Einsatzfahrzeug sehr selten geworden. Oben ein gut gepflegter B 511-Kipper (neue Modellbezeichnung ab 1959) mit 60-PS-Vergasermotor, den ich im März 1984 zufällig bei einem Autoverwerter im Raum Holzminden entdeckte. In der Mitte ein 1955 gebauter, zu einem leichten Abschleppkranwagen umfunktionierter und mit einem 42-PS-Dieselmotor bestückter B 1500 D. Dieses Fahrzeug entdeckte ich zwei Jahre zuvor bei der Firma Becker & Söhne in einem Düsseldorfer Vorort. Die Aufnahme des unten abgebildeten B 1500-Pritschenwagen mit Plane und Spriegeln entstand – ebenfalls als zufälliger, eine Vollbremsung verursachender Straßenfund – am 20. März 1982 in Bruchsal.

Die Firma Borgward war auch Hersteller leichter Frontlenker-Lastwagen. Das oben gezeigte, zwischen 1959 und 1961 gefertigte Modell B 622 verfügte über eine Nutzlast von knapp drei Tonnen und wurde von einem Vierzylinder-70-PS-Wirbelkammer-Diesel angetrieben. Dieser 1959 gefertigte und sehr passabel aussehende Plateauwagen stand im August 1985 bei einem Lübecker Abschleppunternehmen in Lohn und Brot. Bereits drei Jahre später war er ausgemustert. Unten ist ein 1,5-Tonnen-Lkw vom Typ Borgward B 611 als Pritschenwagen von 1960 zu sehen, der im Frühjahr 1984 bei einer Braunschweiger Tischlerei noch täglich arbeiten musste.

Zu den schwereren Borgward-Lkw-Modellen zählte der 1961 gebaute, von einem 110 PS Dieselmotor angetriebene B 555 K (Kipper) der Abbildung oben, den ich im März 1982 auf dem Betriebshof eines kleinen Hildener Fuhrunternehmens fotografieren konnte. Der Besitzer war ein begeisterter Borgward-Sammler. So ist es auch erklärlich, dass er diesen schon zu den Veteranen zählenden Lastkraftwagen auch in den 90er-Jahren gelegentlich noch aktiv im Nahverkehr verwendete. Ob er heute noch läuft? In der Mitte ist eine tadellos gepflegte B 4000-Zugmaschine eines Schaustellers von 1956 zu sehen, der ich 1981 irgendwo im Münsterland begegnete. Auch den unten gezeigten Borgward B 4500-Getränke-Lkw von 1956 hatte man noch nicht aufs Altenteil geschoben. Bestens instand gehalten und gepflegt verrichtete er bei einem Getränkehändler in Kaiserslautern tagein und tagaus seinen Dienst, obwohl er zum Zeitpunkt der Aufnahme bereits 27 Jahre alt war. Trotz vorheriger Vereinbarung des Fototermins war es nicht zu vermeiden, dass sich das Fahrzeug gerade auf einer Auslieferungsfahrt zu Kunden befand. Kurz entschlossen setzte sich sein Besitzer zu mir in den Wagen und half beim Suchen. Wie die Aufnahme beweist, waren wir schließlich erfolgreich.

Büssing

Die traditionsreichen und angesehenen Braunschweiger Büssing-Werke hatten in der Nutzfahrzeugbranche einen hervorragenden Ruf – und das nicht nur in Deutschland. Bereits 1903 baute der Firmengründer Heinrich Büssing seinen ersten Dreitonnen-Lastwagen. Vor dem 2. Weltkrieg bot dieser im Jahr 1931 mit der Firma NAG fusionierte Hersteller eine breite Palette von Lastwagen und Omnibussen an, vom 1,5-Tonner bis zum schweren, dreiachsigen Neuntonnen-Modell. Dabei lag aber das Hauptgewicht eindeutig auf den schweren Kalibern. Aus dieser Zeit stammt dieser 1935 gebaute Büssing-NAG 502-Lkw (großes Bild) für 6,5 t Nutzlast, unter dessen Haube ein Sechszylinder-Dieselmotor mit 90 PS und 7400 cm^3 Hubraum arbeitete. Erstbesitzer und Eigentümer war das kleine Speditions-Familienunternehmen Baumann in Hausach/Schwarzwald. Der Lastwagen stand auch nach dem Krieg noch viele Jahre teilweise im Fernverkehr im Einsatz, bis er abgemeldet wurde. Jahrelang verbrachte der seltene Veteran, zum Glück in einer Garage abgestellt und vor Wind und Wetter geschützt, die Zeit seines wohlverdienten Ruhestandes durch Nichtstun. Durch wen ich Kenntnis von diesem Fahrzeug erhielt, weiß ich heute nicht mehr. Jedenfalls konnte ich den immer noch fahrbereiten Wagen an einem herrlichen Samstagmorgen im Juli 1983 schon gegen 7 Uhr auf den Film bannen. Dass der Büssing bis dahin überlebt hatte, war nur seinem Besitzer zu verdanken, der seinen jahrelangen Weggefährten nicht in den Schrott geben wollte. Damals war noch nicht absehbar, dass sich bereits wenige Jahre später ein Retter in Gestalt eines Sammlers finden würde. Dieser ließ in wie auf dem Bild unten zu sehen, vorbildlich im Stil der später 30er-Jahre restaurieren.

Anfang der 80er-Jahre bot die belgische Hauptstadt Brüssel Anlass, ihr wegen einiger dort vorhandener, äußerst seltener Möbelwagen mehrere Besuche abzustatten. Das herausragendste und gleichzeitig älteste dort beheimatete Prunkstück, war dieser gewaltige Büssing-NAG-Möbelwagen der Firma Erkens. Der Aufbau wurde von einem örtlichen Karosseriebetrieb erstellt. Das 1931 gebaute Fahrzeug war vom Typ VI GL und verfügte ursprünglich über einen Sechszylinder-Diesel mit 110 PS und 12.500 cm^3 Hubvolumen. 1960 zeigte die alte Maschine Ermüdungserscheinungen, sodass ein neuer Motor fällig wurde. Da das neue Antriebsaggregat – ein V8-Diesel von Cummins mit 150 PS Motorleistung – nicht unter die ursprüngliche Motorhaube passte, wurde diese kurzerhand verlängert und stilistisch völlig neu gestaltet. Dabei bewies der ausführende Karosseriebetrieb eine sehr glückliche Hand. Heraus kam ein überaus ansprechendes Erscheinungsbild, das dem der schweren Büssing-Vorkriegstypen 650 und 900 sehr nahe kam. Obwohl ich bereits seit Ende der 70er-Jahre von der Existenz dieses Fahrzeugs wusste, gelangte ich erst auf meiner dritten Brüssel-Reise im Frühjahr 1984 zum fotografischen Erfolg. Ohne die erfolgreiche Vermittlung und Hilfe eines belgischen Freundes von der Brüsseler Feuerwehr hätte es auch dieses Mal nicht geklappt. Er nahm die Organisation der notwendigen Vorarbeiten in die Hand. Denn der bereits seit 1981 abgemeldete Büssing war nicht fahrbereit. Der Wagen hatte einen Motordefekt, den erst ein herbeigeholter Autoschlosser am Tage vor meiner Ankunft beheben musste. Als wir an einem Freitag Nachmittag am Sitz der Firma in der Rue des Coteaux ankamen, hatte der Besitzer das schwere Schlachtschiff bereits wieder bewegt.

Leider stand der Wagen in einer fotografisch sehr ungünstigen Position. Das sahen auch mein Freund und der Fahrer ein. Da war guter Rat teuer, denn der Möbelwagen besaß keine Zulassung für den öffentlichen Straßenverkehr. Mein Vorschlag, mit dem Feuerwehr-Dienstwagen meines Freundes, einem Renault R 4 mit eingeschaltetem Blaulicht vorauszufahren, wurde trotz großer Bedenken angenommen. Ein großes Wagnis war dies immerhin – nicht auszudenken, was die Versicherungen im Falle eines Unfalls dazu gesagt hätten! In langsamer Fahrt ging es etwa 500 m durch ziemlich enge Straßen, bis wir einen breiten Platz als geeigneten Ort für die Fotos gefunden hatten. Als das 14 t schwere Geschoss endlich wieder heil in der Garage stand, war nicht nur ich glücklich und zufrieden.

Vorkriegsfahrzeuge der Marke Büssing noch irgendwo anzutreffen, gehörte vor rund 25 Jahren zu den ausgewiesenen Glücksfällen und Seltenheiten. Eine solche Gelegenheit ergab sich Ende 1981 bei der Spedition Vöpel in Remscheid. Dort war ein zum Abschleppkranwagen umgebauter schwerer Büssing-NAG 650 aus dem Jahre 1939 noch vorhanden. Der gewaltige Bolide mit seinem Sechszylinder-Diesel GD 6 mit 135 PS und 13.500 cm³ Hubraum war bei seinem Alter von 42 Jahren natürlich nicht mehr taufrisch. In seinen besseren Zeiten wird das 14,7 t schwere Fahrzeug 60 km/h Höchstgeschwindigkeit erreicht haben. Leider waren an diesem Dezembertag die Witterungsbedingungen nicht gerade günstig. Es regnete mit Schnee vermischt, dabei war es sehr dunkel, sodass für die Aufnahmen ein Stativ erforderlich war. Als ich meinen Besuch zwei Jahre später bei besserem Wetter wiederholte, stand der Büssing total verstaubt in einer Nebenhalle und ließ sich trotz aller Mühe nicht mehr zum Leben erwecken. Was mag aus diesem schönen Fahrzeug wohl geworden sein?

Die überaus kraftvollen Büssing-Lastwagen mit ihren großvolumigen Motoren eigneten sich auch vorzüglich als Zugmaschinen. Oben ein im Januar 1983 in der Nähe von St. Tönis bei Krefeld bei einem Schausteller fotografierter, typmäßig nicht genau identifizierbarer Büssing mit Kurzpritsche. Nach Aussagen seines Besitzers soll es ein Fahrzeug von 1936 gewesen sein. Vieles spricht für einen Vorkriegsbau, denn der zwischen Kabine und Pritsche vorhandene, nun mit einem Behältnis belegte Raum könnte früher einmal für eine Holzgasanlage genutzt worden sein. Da sein Motor nicht mehr zum Laufen gebracht werden konnte, musste ein kleiner 11er Deutz-Schlepper den schweren Büssing aus dem überdachten Unterstand herausziehen. Er hatte damit ganz schön Mühe. Die unten gezeigte schwere Büssing-Allrad-Zugmaschine des Typs 8000 S 13 aus dem Jahre 1952 – ehemals bei den Dolomitwerken Brilon beheimatet – hatte es am Ende ihrer aktiven Laufbahn zu einem Schrotthändler nach Lünen verschlagen, wo ich sie im Juni 1981 antraf.

Hier zwei weitere schwere Büssing-Lastwagen des Modells 8000 S aus dem Jahr 1952. Beide Fahrzeuge waren bereits mit dem stärkeren Sechszylinder-Vorkammer-Diesel S 13 mit 180 PS bestückt. In den frühen 50er-Jahren gehörte dieses größte Haubenmodell von Büssing zur Elite der Fernverkehrslastwagen auf deutschen Straßen. Dies änderte sich schlagartig, als die wenig sinnvollen Verordnungen des damaligen Verkehrsministers Seebohm in Kraft traten. Neue Maße und Gewichte machten die weitere Verwendung für deutsche Speditionsunternehmer wirtschaftlich unvertretbar. Bereits damals, Anfang der 60er-Jahre, trat ein großer Teil dieser mächtigen Fahrzeuge den Weg zum Abwracker an. Die wenigen Überlebenden wurden zu untergeordneten Diensten – oftmals wie hier zu Abschleppkranwagen – degradiert, wo man sie nur noch fallweise einsetzte. Das oben gezeigte Fahrzeug hatte das Glück, von einem Sammler gerettet zu werden; die Aufnahme zeigt das Fahrzeug in seinem letzten Gebrauchszustand, bereits mit einem roten Kennzeichen. Das Fahrzeug unten – unverkennbar ein früherer Fernlaster, der sicher auch schon bessere Zeiten gesehen hat – konnte ich im Sommer 1981 bei der Büssing-MAN-Vertretung in Kalkar/Niederrhein aufstöbern.

Der oben abgebildete Büssing LS 7 von 1958 gehörte noch 1981 zum aktiven Bestand der in Insiderkreisen bekannten Brüsseler Möbelspedition Vandergoten, die damals noch insgesamt fünf Oldtimer im Fuhrpark hatte. Neben einem noch älteren Studebaker, einem amerikanischen White und zwei Mercedes-Benz 4,5-Tonnern aus den frühen 50er-Jahren, war dies das jüngste Fahrzeug. Der 145 PS starke Sechszylinder-Diesel hatte zum Zeitpunkt der Aufnahme bereits mehr als 450.000 Kilometer gelaufen. Auch bei der Büssing-MAN-Vertretung Kiffe in Münster wundert es nicht, dass man sich – im Falle eines Falles – gerne der zuverlässigen Hilfe eines alten Büssing 6000 von 1954 anvertraute. Damit seine Einsatzbereitschaft gewährleistet war, befand sich der in der Mitte gezeigte 120 PS starke Sechszylinder auch 28 Jahre nach seiner Entstehung in einem optimalen Pflegezustand. Dagegen könnte die Aufnahme des unten gezeigten LS 7-Allradkippers vielleicht seine letzte gewesen sein. Den arg heruntergekommenen Wagen sichtete ich im März 1984 abseits der Autobahn zwischen Braunschweig und Peine auf dem Gelände einer Sandgrube. Ob sich für ihn noch ein Märchenprinz in Gestalt eines Sammlers gefunden hat?

Die Spedition Hans Pfotenhauer aus Salzgitter-Barum setzte auch im Jahr 1985 noch auf zwar alte, aber bewährte Lastwagentechnik. Am 21. August 1985 gehörten noch drei Büssing LS 11 F -Sattelzüge – der oben abgebildete ist von 1962 – zum Fuhrpark. Dieses Frontlenkermodell verfügte, im Gegensatz zu den von diesem Hersteller bevorzugt verwendeten Unterflurmotoren, über ein stehend installiertes Sechszylinder-Dieselaggregat mit 192 PS. Äußerlich ist diese Bauart an dem vorderen Lüftungsgitter zu erkennen. Im Gegensatz dazu ist das Fahrzeug auf dem unteren Bild, ein in Hagen beheimateter Büssing Commodore LU 11 gleichen Baujahrs, mit einem leistungsmäßig identischen Unterflurdiesel bestückt. Der Besitzer dieses Holztransportzuges mit Ladekran – ein recht verschlossener und knorriger Fahrensmann – ließ nichts auf sein gepflegtes Fahrzeug kommen. Es war für mich mit großer Mühe und Überredungskunst verbunden, mit ihm überhaupt einen Fototermin vereinbaren zu können, der endlich im Oktober 1983 zustande kam.

Bereits ausgedient hatte dieser 1963 gebaute Büssing Commodore LU 11/16 mit Fernverkehrshaus (oberes Bild), der am 20. April 1984 auf dem Betriebsgelände der Spedition Mansfeld im oberbayerische Hohenkammer angetroffen wurde. In der Mitte ein weiterer von der bereits genannten Firma Pfotenhauer eingesetzter LS 11 F-Sattelzug mit offener Pritsche von 1962. Ende der 50er-Jahre machte Büssing einen erneuten Versuch, mit den wahlweise als Hauben- oder Frontlenkerlastwagen erhältlichen Burglöwe-Typen auch in der leichteren Nutzlastklasse präsent zu sein. Während die Fertigung der Haubenvariante schon bald eingestellt wurde, hielten sich als Unterflurwagen ausgebildete Frontlenker recht lange in den Verkaufslisten. Hier ein in Steinwiesen/Oberfranken fotografierter Burglöwe LU 55-Heizöltankwagen von 1966, der allerdings bereits abgestellt war.

Die Haubenversion des Commodore von Büssing war das ab 1961 gefertigte Modell LS 11/16, welches gleichfalls über den bewährten Sechszylinder-Vorkammer-Dieselmotor mit 11.413 cm³ Hubvolumen und 192 PS verfügte. Ein solches Fahrzeug aus dem Jahr 1963 wurde 20 Jahre später von einem Abschlepp- und Bremsenbetrieb noch eingesetzt. Der unten abgebildete allradgetriebene Commodore SAK-Muldenkipper aus dem Jahr 1964 hatte hingegen bereits ausgedient. Der im Jahr 1985 auf dem Gelände eines ausgedehnten Steinbruchs in der Nähe von Menden/Sauerland abgelichtete Wagen hatte noch bis vor einiger Zeit im innerbetrieblichen Werksverkehr ein sinnvolles Betätigungsfeld gefunden. Zwei Jahre später deutete nichts mehr auf seine Existenz hin.

Hier zwei weitere Büssing-Hauber aus den 60er-Jahren, die zu Beginn der Achtziger noch aktiven Dienst verrichteten. Der am 5. März 1984 fotografierte und sehr imposant wirkende Commodore SAK des Braunschweiger Abschleppunternehmens Kurt Gessler aus dem Jahre 1967 befand sich zwar in einem sehr guten Zustand, musste aber wegen leerer Batterien mit der Schleppstange aus der Halle gezogen werden. Unten ist ein hinterradgetriebener Absetzkipper des Typs Commodore SK von 1964 des bereits bekannten Fuhrunternehmens Pfotenhauer aus Salzgitter mit deutlichen Gebrauchsspuren zu sehen.

Das offensichtlich letzte Betätigungsfeld für diesen im Frühjahr 1985 zufällig in der Nähe von Gloggnitz/Österreich angetroffenen, 1963 gebauten Büssing Burglöwe SAK bestand darin, einer Stahlbaufirma als fahrbare Arbeitsplattform für einen Baukran zu dienen. Der unten abgebildete Commodore S-Sattelschlepper mit zweigeteiltem Kippauflieger durfte infolge seiner fehlenden Zulassung auf öffentlichen Straßen nicht mehr eingesetzt werden. Im Jahr 1985 machte er sich zusammen mit einem weiteren baugleichen Fahrzeug auf dem Werksgelände eines Zementwerks in der Nähe von Erwitte nützlich.

Zwei der gewaltigen schweren Büssing Commodore S Haubenlastwagen – beide sind von 1965 – durften sich 1984 auf dem Gelände eines Stein- und Asphaltwerkes im oberfränkischen Raum in der Nähe von Lichtenfels durch Arbeit ihr Gnadenbrot verdienen. Während oben ein Fahrzeug mit Siloaufbau zu sehen ist, wurde der in der Mitte gezeigte Kipper Commodore SK für innerbetriebliche Schüttguttransporte verwendet. Ein sehr seltenes Fahrzeug – vielleicht sogar ein Einzelstück – ist der unten gezeigte MAN-Büssing 12.192 U-Möbelwagen aus dem Jahr 1976. Dieses in Münster beheimatete Fahrzeug hatte sich 1988 in den Düsseldorfer Hafen verirrt. Zur Zeit seiner Entstehung befand sich das Braunschweiger Unternehmen schon seit einigen Jahren unter MAN-Hoheit. Als Zugeständnis an die große Zahl zufriedener Unterflur-Kunden wurden die gebräuchlichsten Büssing-Lastwagen in dieser Bauweise noch eine Zeitlang weiter gefertigt. Auch dieser Möbelwagen verfügte über einen derartigen, direkteinspritzenden Büssing-Dieselmotor mit 192 PS und 9584 cm^3 Hubraum und erreichte eine Spitzengeschwindigkeit von 96 km/h.

Daimler-Benz

Die Daimler-Benz AG (erst ab 1989 firmierte das Unternehmen unter dem Namen Mercedes-Benz und noch später unter dem heute gebräuchlichen Namen DaimlerChrysler) ging 1926 aus der Fusion der beiden Pionierfirmen des Automobilbaus, der Daimler-Motoren-Gesellschaft und der Benz AG hervor. Beide Firmen verfügten damals schon über eine lange Tradition auf dem Gebiet des Lastwagenbaus, die bis in die Zeit vor die Jahrhundertwende zurück reichte. Nach erfolgtem Zusammenschluss wurde die gesamte Lkw-Fertigung im ehemaligen Benz-Werk Gaggenau konzentriert. Das nun erstarkte Unternehmen gehörte zu den wichtigsten Vorreitern, die dem Dieselmotor (bei Daimler-Benz unter der Bezeichnung Ölmotor – OM – bekannt geworden) zum Durchbruch verhalfen. So musste die Fachwelt im Jahr 1932 die Vorstellung des ersten leichten dieselgetriebenen Lastkraftwagens, des Zweitonnentyps L 2000 registrieren. Es war das erste Glied einer Baureihe neuzeitlicher Lastwagen mit dem wirtschaftlichen Dieselantrieb, die binnen weniger Jahre den gesamten Nutzlastbereich von 1 bis 10 Tonnen vollständig abdecken sollten. Aus dieser Epoche hat sich auch der hier abgebildete und vom Zahn der Zeit schon arg gebeutelte Veteran hinüber gerettet.

Hierbei handelt es sich um einen Mercedes-Benz-Lo 2750-Wassertank- und Sprengwagen auf Niederrahmenfahrgestell aus dem Jahr 1936. Es war das älteste der drei im Sommer 1982 auf dem Gelände der Trabrennbahn in München-Daglfing noch für diesen Verwendungszweck eingesetzten Fahrzeuge. Unter der Haube dieses Wagens wirkte ein Vierzylinder-Vorkammer-Dieselmotor von Daimler-Benz mit 65 PS und 4908 cm³ Hubraum. Da sich während seiner Bauzeit die gesamte Lkw-Branche in der Umstellungsphase von Vergaser- auf Dieselantrieb befand, gab es diesen ursprünglich etwa 60 km/h schnellen Lastwagen wahlweise auch mit einem Ottomotor.

Vor rund 25 Jahren gehörten Lastwagen aus der Vorkriegsgeneration – ganz gleich welchen Fabrikats – zu den ausgewiesenen Raritäten, denen man selbst abgestellt kaum noch begegnen konnte. Zu diesen unerwarteten Ausnahmen gehörte der im August 1982 anlässlich einer großen Rundreise durch Süddeutschland bei den Stadtwerken Augsburg angetroffene Daimler-Benz-Pritschenwagen des Typs L 3000 von 1938. Dieser mit der Aufschrift „Stadtwerke Augsburg – Verkehrsbetriebe" versehene, 44 Jahre alte Lkw machte zumindest äußerlich einen noch durchaus restaurierfähigen Eindruck. Vielleicht hat ihn ja jemand in letzter Minute gerettet. Unter gänzlich anderen Umständen gelang das Foto des unten abgebildeten, 1939 gebauten Mercedes-Benz L 3000 S. Auf der Fahrt durch die DDR überholte ich auf der Autobahn zwischen Dresden und Karl-Marx-Stadt ein seltsames, mit einem Kastenaufbau versehenes Fahrzeug. Kurz entschlossen stoppte ich am nächsten Parkplatz und brachte den Wagen durch heftiges Winken zum Halten. Die Besatzung des Wagens war zwar von meinem Interesse an dem für sie alltäglichen Fahrzeug sehr überrascht und erstaunt, hatte aber gegen meine Fotowünsche keine Einwände. Es handelte sich um ein von dem Feuerwehrausrüster Metz in Karlsruhe aufgebautes Spezialfahrzeug mit hydraulischer Hebebühne, das im Rahmen der Autobahnunterhaltung beispielsweise bei Brückenuntersuchungen eingesetzt wurde. Recht stolz erzählte man mir, dass unter der Motorhaube immer noch der erste Vierzylinder-Diesel mit 75 PS klaglos seinen Dienst versah.

Der oben abgebildete, im Sommer 1980 auf dem Kirmesplatz in Neuss erspähte Wassertankwagen des Münchener Zirkus Krone, gehört zweifellos zu meinen interessantesten Nutzfahrzeugen. Es handelt sich um ein mit Stahlfahrerhaus ausgerüstetes Modell L 5000 von Daimler-Benz aus dem Jahr 1950, das vermutlich aus einem früheren Pritschenwagen entstanden ist. Ein Sechszylinder-Dieselmotor mit 112 PS sorgte hier für dezente Fortbewegung. Der seltene Wagen war noch für den öffentlichen Straßenverkehr zugelassenen. Nach seiner Außerdienststellung hatte er das große Glück, der Verschrottung zu entgehen. Ein Sammler aus Niederbayern übernahm ihn Ende der 80er-Jahre und machte nach aufwändiger Restaurierung einen Pritschenwagen mit Plane und Spriegeln daraus. Was hingegen aus dem unten gezeigten zwei Jahre später auf dem Gelände der Trabrennbahn Neersen bei Mönchen-Gladbach fotografierten ehemaligen Straßensprengwagen gleichen Typs und Baujahrs geworden ist, entzieht sich meiner Kenntnis.

Es war schon eine kleine Sensation, im Dezember 1978 auf einer Ladestraße des Neusser Hafens diesen gut gepflegten schweren Haubenlastwagen mit Dreiachsanhänger und Münchener Kennzeichen noch im Fernverkehr anzutreffen. Bei diesem Fahrzeug, das sich hierhin verirrt hatte, handelte es sich um einen 1960 gebauten Mercedes-Benz L 334 mit 192 PS starkem Sechszylinder-Diesel. Ursprünglich als Kies- und Sandkipper gebaut, wurde er später von der Spedition Kastenmeier aus Lohhof bei München für Getreidetransporte und andere Leichtschüttgüter eingesetzt. Der L 334 war aufgrund seines Gewichts ein ursprünglich nur für den Export vorgesehenes Modell, das aber nach Lockerung der Seebohmschen Bestimmungen ab 1960 auch für den Inlandsmarkt interessant wurde. Es war das letzte noch auf dem legendären L 6600 basierende echte Langhaubenmodell von Daimler-Benz, das bis 1963 in den Verkaufslisten blieb. Dieser schöne Anhängerzug faszinierte mich derart, dass ich ihn an seinem Heimatstandort auf der Rückfahrt von meiner ersten großen Feuerwehr-Rundreise durch Österreich Anfang Mai 1984 nochmals aufsuchte. Zumindest bis Mitte der 90er-Jahre stand dieser Zug zumindest fallweise zur Erntezeit im Einsatz. Der Lkw-Klassiker hatte eine Fahrleistung von weit über 2,5 Millionen Kilometern hinter sich; wie viele Motoren dabei verschlissen wurden, ist mir nicht bekannt.

Um eine ebenso große Rarität handelte es sich bei diesem O 6600-Ackermann-Möbelzug aus dem Jahre 1955, der bis Anfang der 80er-Jahre überlebt hatte. Mit einer an Sicherheit grenzenden Wahrscheinlichkeit war dies wohl der letzte Zug dieser Art. Nur wenigen eingeweihten Nutzfahrzeugfreunden war dieses seltene Objekt bekannt. Im Frühjahr 1982, auf der Rückfahrt von einer Fototour durch Bayern, traf ich den seltenen Wagen auf dem Hof der kleinen Möbelspedition Hermann Gogröf aus Bruchsal an, die diesen Wagen noch einsetzte. Seine letzten Einsatztage waren aber damals schon angebrochen; zu umfangreich wären allein schon die Karosseriearbeiten an diesem mittlerweile schon 27 Jahre alten Oldtimer gewesen. Ob sich derartige Investitionen für diesen Veteranen noch lohnten, war mehr als zweifelhaft. Der auf einem Niederrahmen-Fahrgestell erstellte Möbelwagen verfügte über einen Sechszylinder-Diesel mit 145 PS und besaß ein für Fernfahrten ausgelegtes schnelles Getriebe. Seine Leistungsfähigkeit konnte der Solowagen – trotz des Tachostandes von rund 1,4 Millionen Kilometern – bei einer auf der nahen Autobahn in Richtung Karlsruhe unternommenen Probefahrt unter Beweis stellen. Der Wagen benötigte schon etwas Anlauf, bevor die Nadel um die 100 km/h zu zittern begann. Herr Gogröf junior erzählte, dass er mit diesem Wagen vor längerer Zeit am berüchtigten Elzer Berg wegen viel zu hoher Geschwindigkeit 450,- DM löhnen musste – das war damals viel Geld. Das Foto oben zeigt den Möbelzug bei einem Umzugseinsatz im Raum Frankfurt noch mit dem ursprünglichen Bruchsaler Kennzeichen. Etwa zwei Jahre später ging er an einen Sammler im Ruhrgebiet und heute ist er komplett restauriert.

Manche Gebäudereinigungsfirmen bedienten sich gerne aus dem aktiven Dienst entlassener Feuerwehr-Drehleitern. Meist konnten diese Betriebe dabei ein echtes Schnäppchen machen, denn die vielfach nur wenig ausgelasteten Feuerwehrfahrzeuge wiesen meistens nur verhältnismäßig geringe Kilometerleistungen auf. Dabei befanden sie sich überwiegend in einem technisch guten Zustand, was man von in privater Hand befindlichen Fahrzeugen nicht immer behaupten konnte. Sie mussten ja ständig einsatzbereit sein, konnte doch im Ernstfall die Rettung von Menschenleben von ihrer Funktionstüchtigkeit abhängen. Finanziell lohnte sich ein Kauf fast immer, denn die von den Wehren geforderten Preise waren keineswegs überhöht. Die Firma Breilmann in Castrop-Rauxel gehörte zu jenen Betrieben, die Mitte der 80er-Jahre noch eine ganze Flotte ehemaliger Feuerwehrdrehleitern in ihrem Fuhrpark hatte. Leider gestalteten sich meine Bemühungen um einen Fototermin überaus schwierig. Drei der vier Fahrzeuge waren Daimler-Benz-Modelle mit Metz-Aufbauten. Von oben nach unten sind zu sehen: Mercedes-Benz L 329/46, DL 30 h, Baujahr 1958; Mercedes-Benz LF 311/42 DL 25 h, Baujahr 1960 und Mercedes-Benz LF 322/48, DL 30 H von 1960. Alle Fahrzeuge besaßen hydraulische Leiterantriebe und wurden nachträglich mit Arbeitskörben ausgerüstet.

Die letzten schweren Mercedes-Hauber konnte man in den unterschiedlichsten Diensten und in ebensolchen Erhaltungszuständen antreffen. Oben sehen wir eine hervorragend gepflegte Mercedes-Benz L 325-Zugmaschine eines Schaustellers, aufgenommen auf den Düsseldorfer Rheinwiesen im Juli 1979. Etwa 15 Jahre später sah ich sie auf dem Hof eines Sammlers vor sich hin rosten. Das Bild in der Mitte zeigt einen gegen Ende der 50er-Jahre gebauten Mercedes-Benz L 326 als fahrbares Arbeitsgerät für den Straßenbau. Auch die uns bereits bekannte Abschlepp- und Bergefirma Becker & Söhne vertraute bei schwergewichtigen Fällen ihrem mit einer 8-t-Krananlage ausgerüsteten Mercedes-Benz LS 334. Das aus einer 1961 gebauten Sattelzugmaschine entstandene Fahrzeug ist heute schon lange verschrottet.

Verhältnismäßig häufig vertreten waren Lkw-Oldtimer bei Abschlepp- und Bergediensten. Dort war ihr Auslastungsgrad – verglichen mit dem Fern- oder gewerblichen Güterverkehr – im Allgemeinen verschwindend gering, sodass sich manche Fahrzeuge in diesen Reservaten teilweise noch jahrelang behaupten konnten. Noch vor 20 Jahren lohnte es sich immer, in unbekannten Regionen die Augen offen zu halten. Dadurch kamen viele Zufallssichtungen am Rande der Hauptverkehrsstraßen zustande. Auf dieser Seite wird das allradgetriebene, früher als 5 t-Militärlastwagen verbreitete Mercedes-Benz-Modell LG 315 in diesem Verwendungsbereich gezeigt. Sämtliche Aufnahmen waren Zufallssichtungen. Das 1958 gebaute Fahrzeug oben wurde im Jahr 1979 bei einer Autoverwertung in Neuss eingesetzt. 1982 in den Niederlanden entstand das Bild in der Mitte, das ein Fahrzeug gleichen Baujahrs beim Holzrücken zeigt. Das unten gezeigte sehr gepflegte Exemplar war zwei Jahre älter. 1983 sichtete ich den Wagen auf dem Gelände eines Kran- und Abschleppdienst in der Nähe von Bad Eilsen abseits der Hauptstraße.

Das mittelschwere Lastwagenmodell L 3500 von Daimler-Benz wurde mit Abstand der meistgebaute Lkw im Deutschland der Wirtschaftswunderjahre. Angefangen mit dem 3,25-Tonner L 3250 im Jahr 1949 wurde der schon bald zum 3,5-Tonner aufgewertete Lastkraftwagen im Wesentlichen unverändert bis 1961 produziert. Daher war es nicht verwunderlich, einen Lkw dieser Marke auch Ende der 70er-Jahre häufiger als jedes andere Lastwagenmodell auch noch im Alltagsbetrieb anzutreffen. Einzelne Exemplare konnten sich – von ihren Besitzern gehegt und gepflegt – selbst bis weit in die 90er-Jahre halten. Beim dänischen Zivilschutz befand sich der 1988 in Skive stationierte, oben abgebildete allradgetriebene Mercedes-Benz LA 3500/36 aus dem Jahr 1951 noch im Bestand. Einen ebenfalls hervorragend gepflegten Eindruck hinterlässt das 1950 gebaute, hinterradgetriebene Fahrzeug auf der Abbildung unten, das 1983 im Raum Merzalben von einem kleinen Fuhrbetrieb eingesetzt wurde.

Mercedes-Benz L 3500 bzw. L 311-Anhängerzüge waren – obwohl hin und wieder noch anzutreffen – naturgemäß selten und daher von Fotosammlern heiß begehrt. Früher war dies ein alltägliches Bild im Straßenverkehr, Ende der 70er-Jahre schon die große Ausnahme. Eine gute Fotogelegenheit ergab sich für mich anlässlich eines Berlin-Besuchs Anfang November 1984. Freunde hatten mich mit reichlichen Stationierungstipps versorgt. Dazu gehörte auch jener Kohlenhändler, der auf seinen 41 Jahre alten 4,5-Tonner LK 4500/36 (Bild oben) nichts kommen ließ. Entgegenkommenderweise fuhr er mit Anhänger zum Fotografieren auf eine Ladestraße. Dem unten abgebildeten Mercedes-Benz L 312/36 mit Anhänger, Baujahr 1958, begegnete ich am 16. Mai 1983 zufällig auf einer Nebenstraße in der Nähe von Grevenbroich. Es war das erste Fahrzeug eines jungen Fuhrunternehmers, mit dem er sich erst vor kurzem selbständig gemacht hatte.

Auch bei Kohlen- und Brennstoffhandlungen wurde man auf der Suche nach alten Fahrzeugen manchmal noch fündig. Diese Branche bevorzugte die seit Juli 1953 lieferbare, mit verstärkten Blattfedern ausgerüstete 4,5-t-Variante. Äußerlich waren die als L 4500 bzw. ab 1955 als L 312 bezeichneten Fahrzeuge bis auf die geringfügig größere Bereifung mit dem 3,5-Tonner identisch. Während der oben gezeigte, 1955 gebaute Mercedes-Benz LK 312/36 mit einer Fahrleistung von mehr als einer Million Kilometern auch noch 1984 von einem Gelsenkirchener Kohlenhändler eingesetzt wurde, stand das typengleiche, fünf Jahre später gebaute Fahrzeug Mitte 1986 bei einem Moerser Händler in Lohn und Brot. Die Berufsfeuerwehr Krefeld fand für den 1959 fabrizierten LK 312/36 auf der Abbildung unten noch bis weit in die 90er-Jahre Verwendung. Eingesetzt wurde er beispielsweise als Winterdienstfahrzeug (mit Ansatzplatte für einen Schneepflug) sowie zur Abfuhr von Brandschutt.

Der in einem Vorort von Aachen 1982 fotografierte, oben abgebildete 3,5-Tonner Mercedes-Benz L 3500/36 von 1952 mit aufgesetztem Heizöltank hatte – seinem äußeren Zustand nach zu urteilen – sicher schon bessere Zeiten gesehen. Ein heißer Tipp war die Kohlenhandlung Kirschbaum in Linz am Rhein, der ich am 31. Juli 1982 einen fotografischen Besuch abstattete. Der Fuhrpark – zwei LK 312 und ein Opel Blitz-Kipper – bestand ausschließlich aus Modellen der 50er-Jahre. In der Mitte ist das jüngste Fahrzeug, ein LK 312/36-Heizöltanker von 1957, zu sehen. Nur durch Zufall erfuhr ich von der Existenz des unten abgebildeten LK 311/36 von 1958, der bei der Kulmbacher Baumwollspinnerei in Mainleus im Jahr 1987 zwar noch vorhanden, aber bereits abgemeldet war.

Auf einer Fahrt durch das Siegerland im Juli 1983 musste auch dieser von einer Flanschfabrik in Hüttental-Weidenau eingesetzte Mercedes-Benz L 312/42 (Bild oben) dran glauben. Aufgrund seines Baujahrs 1961 gehörte er zu den letzten Fahrzeugen dieser so beliebten Lastwagenbaureihe. Eine Woche zuvor entstand das mittlere Foto eines 1956 gebauten L 312/42-Abschleppwagens in Treis-Karden. Ein relativ seltenes Fahrgestell des Typs L 321/42 hat der 1987 im Süden Düsseldorfs fotografierte Abschleppkranwagen zur Basis. Diese 5,5-t-Variante mit 110 PS wurde von Daimler-Benz lediglich zwischen 1957 und 1959 gefertigt.

Relativ häufig konnte man die soliden und zuverlässigen mittelschweren Daimler-Benz-Typen als Abschleppwagen bei den örtlichen DB-Werksvertretungen antreffen. Und das sicherlich nicht ohne Grund. Diese von Nord nach Süd der Republik reichende kleine Bildauswahl soll für die vielen anderen Fahrzeuge dieser Gattung stehen. Oben ein L 3500/42 von 1951 der Daimler-Benz Vertretung Dinslaken, in der Mitte ein 1956 gebauter LAK 312/36, im Jahr 1984 die Hauptstütze der Firma Matthes in Marktredwitz, wenn es um das Abschleppen von Fahrzeugen ging. Unten ein mit einer 3 t-Krananlage ausgerüsteter 5,5-Tonner LA 321/36 des Baujahrs 1958. Der im Oktober 1987 bei der DB-Vertretung Cuxhaven abgelichtete Wagen hatte nach Angaben seines Fahrers 450.000 Kilometer auf dem Tacho.

Auch in Kommunaldiensten und verwandten Bereichen waren die 3,5-Tonner von Daimler-Benz vor gut 20 Jahren noch verhältnismäßig häufig zu sehen. Oben ein Straßensprengwagen mit Fronthydraulik der Stadt Frankenthal/Pfalz auf LA 3500/42-Basis, rechts ein auf LAK 311/36-Kipperfahrgestell aufgebauter Kanalsaugwagen eines privaten Betreibers, aufgenommen im Raum Köln im Februar 1980.

Linke Seite: Bei den mittelschweren, im Werk Mannheim gefertigten Mercedes-Benz Hauben-Lastwagen gab es fast nichts, was es nicht gab. Dies bezogen auf die gerade in dieser so universell verwendbaren Nutzlastklasse vertretenen nahezu unzähligen Einsatzmöglichkeiten in Form von Aufbauvarianten und Spezialaufbauten. Dieser L 3500-Sonderaufbau eines Korbwarenverkäufers gehört zweifelsohne zu den weniger geläufigen Exemplaren. Das bereits abgemeldete Fahrzeug mit seinem sehr dekorativ wirkenden schachbrettartigen Kühlerlüftungsgitter war ein Straßenfund in der Nähe von Euskirchen vom Mai 1979.

Zu der umfangreichen, zu Beginn der 80er-Jahre bei der Brüsseler Spedition Vandergoten noch im aktiven Einsatz stehenden Oldtimer-Möbelwagenflotte gehörten auch die oben und in der Mitte gezeigten Fahrzeuge. Die auf den Niederrahmenfahrgestellen vorgenommenen, sehr formschönen Aufbauten erfolgten durch einen belgischen Karosseriebetrieb. Während oben ein L 3500/42 von 1954 zu sehen ist, wird in der Mitte ein L 312/48 mit langem Radstand und 100-PS-Sechszylinder-Diesel aus dem Jahr 1956 gezeigt. Insgesamt waren zwischen Oktober 1981 und Frühjahr 1984 drei Anläufe notwendig, bis ich sämtliche mir in dieser Stadt bekannten alten Möbelwagen im Kasten hatte. Die Abbildung unten links zeigt einen weiteren, in einem Aachener Gewerbegebiet 1981 fotografierten L 3500/42-Möbelwagen mit Ackermann-Aufbau von 1950. Sein Erstbesitzer ließ dieses Fahrzeug Ende der 90er-Jahre aufwändig restaurieren.

Noch im Jahr 1989 befand sich dieser 1960 gebaute sehr gepflegte Mercedes-Benz L 311/36 mit einem von der Firma Haller/Stuttgart versehenen Aufbau als Kanalsaug- und Straßensprengwagen beim Stadtreinigungsamt Landsberg am Lech im Reservedienst. Bei der gleichnamigen Dienststelle der Stadt Münster in Westfalen befand sich im März 1983 unter den damals noch recht zahlreichen älteren Kommunalfahrzeugen auch dieser auf Mercedes-Benz LAK 312/36 errichtete Bergewagen aus dem Jahr 1955 (Bild unten). Derartige Spezialfahrzeuge konnten sich, da nur relativ selten eingesetzt, oftmals recht lange halten.

Für den Kenner waren früherer Verwendungszweck und Herkunft des oben gezeigten Fahrzeugs unverkennbar. Ein ehemaliges Tanklöschfahrzeug TLF 15 auf Mercedes-Benz LF 3500/42 von 1951 mit Metz-Aufbau wurde nach erfolgter Außerdienststellung bei der örtlichen Feuerwehr von der Stadt Wipperfürth übernommen. Die Umrüstung des mit einem 2400-Liter-Wasserbehälter ausgerüsteten Fahrzeugs zu einem Straßensprengwagen erforderte offenbar nur einen geringen baulichen Aufwand. Aus versicherungstechnischen Gründen wurden die Gangstufen 3 bis 5 des Getriebes blockiert, sodass die Einstufung als selbstfahrende Arbeitsmaschine möglich war. Die Beliebtheit der Marke im Schaustellergewerbe wurde bereits erwähnt. Unten eine LA 3500- oder 311-Allradzugmaschine mit Ballastpritsche. Das im Sommer 1979 fotografierte Fahrzeug war vermutlich ein früherer Lkw, dessen Radstand verkürzt wurde. Das in der Mitte gezeigte Fahrzeug – ein Mercedes-Benz L 311/42 mit Kofferaufbau von 1957 – wurde auch im Jahr 2001 noch als Kassenwagen bei einem Varietébetrieb eingesetzt.

Einen sehr gepflegten Eindruck vermittelt dieser 1957 gebaute L 311/36-Getränkewagen. Er wurde 30 Jahre nach seiner Entstehung noch im Einsatz befindlich in Cuxhaven fotografiert. Nach Aussagen seines Besitzers betrug seine bisherige Fahrleistung mehr als 700.000 Kilometer. Der Katastrophenschutz des Bundes beschaffte in der Vergangenheit eine größere Anzahl fahrbarer Wasseraufbereitungsanlagen, um in Notfällen die Versorgung der Bevölkerung mit Trinkwasser sicherstellen zu können. Ein solches auf dem mittleren Bild gezeigtes Kofferfahrzeug – erstellt auf einem 1960 gebauten Mercedes-Benz LA 311/36 – konnte ich 1981 auf dem Hof der Berufsfeuerwehr Bielefeld ablichten. Zu den ausgesprochenen Spezialfahrzeugen zählte auch der von Kässbohrer aufgebaute, unten abgebildete Fernmeldegerätewagen FM 120 der Deutschen Bundespost aus dem Jahr 1959. Der Aufbau des mit einer Frontseilwinde bestückten Fahrzeugs erfolgte auf einem Mercedes-Benz Allradfahrgestell vom Typ LA 312/42. Angetroffen wurde der Wagen im April 1984 bei einer Dienststelle im süddeutschen Raum.

Zwei seltene Sattelzüge auf Mercedes-Benz LPS 312-Frontlenker sind auf dieser Seite zu sehen. Das oben abgebildete Fahrzeug mit Kofferauflieger entstand 1957 bei Ackermann in Wuppertal und wurde noch 1988 zum Requisitentransport für das Düsseldorfer Schauspielhaus eingesetzt. Das Bild unten zeigt einen sehr interessanten, von der Firma Stauffen karossierten Verkaufswagen aus dem Jahr 1962. Sein Aufnahmestandort im Jahr 1985 war Moosburg bei Freising.

Eine ganze Seite Frontlenker-Möbelwagen. Ganz oben ein OP 322 mit Niederrahmenchassis von 1963 mit Stabholzaufbau. Die Aufnahme entstand 22 Jahre später in Herten. Das von Kässbohrer erstellte Fahrzeug in der Mitte, ist ein unmittelbar zuvor an einen Sammler gegangener, 1960 gebauter Verkaufskastenwagen auf Mercedes-Benz OP 312/42. Der OP 311/42 auf dem Bild unten, aufgebaut von der Gelsenkirchener Karosseriefirma Lampferhoff, ist gleichen Baujahrs. Sein von einem wechselvollen, harten Arbeitsleben schwer gezeichnetes Äußeres war schon arg geflickt und beigespachtelt.

Kommunale und private Verkehrsbetriebe benötigen zur Reparatur und Instandhaltung ihrer Oberleitungsstrecken Spezialfahrzeuge, die mit einer hydraulischen Arbeitsbühne und den entsprechenden Geräten ausgerüstet sind. Diese Fahrzeuge, da fast ausschließlich im Nahverkehr eingesetzt, wiesen nur geringe Fahrleistungen und Auslastungen auf. Andererseits war ihre Neubeschaffung recht kostspielig, weshalb so mancher Veteran noch recht lange in diesen Diensten verblieb. Der oben gezeigte 1984 in Pforzheim aufgenommene und vermutlich von Kässbohrer karossierte LP 311 aus den späten Fünfzigern ist allerdings bereits ausgemustert. Die beiden Aufnahmen darunter zeigen LP 710/36-Oberleitungsturmwagen aus den frühen 60er-Jahren – das Fahrzeug ganz unten ist Baujahr 1966 –, die sich 1983 noch im aktiven Dienst befanden.

Das Stadtreinigungsamt Münster hatte zu Beginn der 80er-Jahre noch für manchen altgedienten Veteran eine gute Verwendung. Dies war dem diesen Fahrzeugen gegenüber aufgeschlossenen Dienststellenleiter zu verdanken, der – solange wirtschaftlich vertretbar – oftmals seine schützende Hand über so manches ältere Modell hielt. Keineswegs mehr neu war der oben abgebildete, 1962 gebaute Winterdienst- und Streuwagen auf Mercedes-Benz LP 323-Fahrgestell, den ich 20 Jahre später auf dem städtischen Betriebshof ablichten konnte. Mit dem vorn angebauten hydraulischen Schneepflug war er auch für Räumarbeiten gerüstet. In der Mitte ist ein Wassertank- und Sprengwagen auf LP 322-Basis aus gleichem Baujahr zu sehen, der 1981 auf dem Gelände der Trabrennbahn Neersen bei Mönchengladbach seinen Dienst versah. Das Fahrzeug unten ist ein 1965 gebauter Kanalreinigungswagen mit Rechtslenkung, der auf einem Mercedes-Benz LP 911/36-Chassis aufgebaut wurde. Auch er gehörte zum Fuhrpark der Stadt Münster.

Mit einer maximalen Zuladung von 4 t gehörte auch das Daimler-Benz Frontlenkermodell LP 710 zur mittelschweren Fahrzeuggeneration dieses Herstellers aus den frühen 60er-Jahren. Einen Altpapier-Transporter mit erhöhten Bordwänden, der mir schon häufig begegnet war, erwischte ich in der Düsseldorfer Innenstadt im Januar 1979. Seitdem habe ich ihn nicht mehr zu Gesicht bekommen. Ein 1963 gebauter Sechstonnen-Pritschenwagen LP 322 kam mir im Frühjahr 1985 in der Nähe von Villach/Österreich entgegen. Bereitwillig stoppte der Fahrer sein Fahrzeug am Straßenrand, sodass ich in aller Ruhe fotografieren konnte. Unten ist ein Mercedes-Benz LP 710/36 als Getränkewagen für Coca-Cola zu sehen. Das 1968 gebaute Fahrzeug verfügte bereits über einen Direkteinspritz-Diesel und war Mitte der 80er-Jahre in Nürnberg aktiv.

Mit dem kleinen Frontlenker-Modell L 319 vollzog Daimler-Benz im Jahr 1956 den Einstieg in die Transporterklasse, in der das Unternehmen bisher noch nicht vertreten war. Wahlweise waren die neuen Fahrzeuge mit Benzin- oder Dieselmotoren erhältlich. Oben zu sehen ist ein im Mai 1984 in Nürnberg fotografierter L 319-Pritschenwagen von 1962. Im gleichen Monat, fünf Jahre später, entstand die Aufnahme unten, die einen von der Firma Stauffen, Eislingen, im Jahr 1965 aufgebauten Messwagen einer Forschungsgesellschaft in Mannheim zeigt. Das Fahrzeug – ein L 407 – wurde von einem 68-PS-Benzinmotor angetrieben. Auch in diesem Fall war wohl der Sonderaufbau mit seinen Einrichtungen dafür maßgebend, dass sich dieses relativ alte Fahrzeug noch im Dienst befand.

Zwei ungemein kraftvoll und bullig wirkende schwere Abschlepp-Kranwagen auf allradgetriebenen schweren Daimler-Benz Kurzhauben-Fahrgestellen zeigt diese Seite. Oben wartet ein LAK 2220 (6 x 6) aus dem Jahre 1970 mit 210-PS-Sechszylinder-Direkteinspritz-Diesel eines Berliner Bergeunternehmens im Herbst 1984 am Rande einer Ausfallstraße auf seinen Einsatz. Der unten gezeigte LAK 2624 (6 x 6) mit 240 PS und 26 t zulässigem Gesamtgewicht von 1971 ist noch um einiges schwerer. Dieser Dreiachser besitzt im Gegensatz zum Fahrzeug oben bereits die höhere Fahrerkabine mit der weiter ins Dach hinein ragenden, größeren Frontscheibe. Als ich das Fahrzeug im Frühjahr 1985 in Braunschweig fotografierte, war es gerade 14 Jahre alt. Heute wird man auch diese Modelle vergeblich im Straßenverkehr suchen.

Noch ein wenig älter war der oben gezeigte Wassertankwagen vom Typ Mercedes-Benz L 334, den ich auf einer Autobahnbaustelle im Sommer 1982 im Stuttgarter Raum fotografieren konnte. Das mit einem Sechszylinder-Vorkammer-Diesel mit 192 PS bestückte Fahrzeug war 1962 gebaut worden. Eine schwere Kurzhauben-Zugmaschine des Daimler-Benz Typs L 337 des Baujahrs 1959 oder 1960 eines Wuppertaler Schaustellers (mittleres Bild) begegnete mir im August 1980 auf den Düsseldorfer Rheinwiesen. Möglicherweise war dies ein früherer Lkw, dessen Rahmen verkürzt worden war. Zwischen 1969 und 1982 wurde der schwere allradgetriebene Kurzhauben-Dreiachs-Kipper LAK 2624 (6 x 6) gefertigt. Er verfügte über einen Sechszylinder-Direkteinspritz-Diesel mit 11.580 cm³ Hubraum und 240 PS Motorleistung. Das unten abgebildete Fahrzeug mit Stahlkippmulde durfte Anfang der 90er-Jahre wegen fehlender Zulassung für den öffentlichen Straßenverkehr nur noch innerbetrieblich verkehren. Es ist sehr zu bezweifeln, dass es heute noch existiert.

Einen sehr sauberen und gepflegten Eindruck hinterlässt dieser Benzintankwagen des Typs Mercedes-Benz L 1924 mit Trilexfelgen (Bild Mitte), den ich 1986 auf meiner zweiten Fotorundreise durch die Schweiz auf einem Betriebshof vor die Linse bekam. Das Fahrzeug war – da sich dieses Modell von 1969 bis 1982 in der Produktion befunden hatte – möglicherweise noch ziemlich neu. Trotzdem stehen die Chancen, dass es heute noch lebt, eher schlecht. Zu den langlebigen Spezialfahrzeugen zählte der oben gezeigte Fernsehübertragungswagen auf Mercedes-Benz LA 911-Basis aus dem Jahr 1965. Die Fotoaufnahme dieses mit einem Nato-Einheitskoffer ausgerüsteten bestens instand gehaltenen Wagens gelang am 10. September 1988. Der auf der Abbildung unten gezeigte LKo 322/36-Straßensprengwagen der Stadt Witten von 1962 stand noch Ende der 80er-Jahre auf dem Gelände der Berufsfeuerwehr in Reserve. Der Zusatz „Ko“ weist auf ein für Kommunalzwecke verwendetes Fahrgestell hin.

Der im August 1984 in Düsseldorf abgelichtete Mercedes-Benz L 322/36 aus dem Jahr 1962 machte sich für die Spedition Kühne & Nagel nützlich. Als Ende der 80er-Jahre in Düsseldorf die folgenden Aufnahmen der beiden Lastwagen L 710 von Daimler-Benz entstanden, hatten auch sie schon aufgehört, typische Fahrzeuge des Straßenverkehrs zu sein. Unten ein etwa 1964 gebauter Pritschenwagen mit Plane und Spriegeln mit 4,20 m Radstand und in der Mitte ein 1967 entstandenes Fahrzeug eines Kohlenhändlers mit 3,60 m Radstand mit höherem Dach und höherer Frontscheibe.

Faun

Die Nürnberger Faun-Werke waren schon seit jeher bekannt als spezialisierter Hersteller von Omnibussen, Kommunalfahrzeugen und besonders schwergewichtigen Lastkraftwagen und Zugmaschinen. So bezog die Deutsche Reichsbahn in den 30er-Jahren einen Teil ihrer schweren Zugmaschinen für die im Haus-zu-Haus-Verkehr auf der Straße zu befördernden Waggons für Kunden ohne Gleisanschluss von diesem Hersteller. Diese gewaltigen zwei- oder dreiachsigen Fahrzeuge besaßen den Sechszylinder-Deutz-Motor F 6 M 517 mit 150 PS und 13.540 cm^3 Hubraum. Mit an Sicherheit grenzender Wahrscheinlichkeit war die hier gezeigte, im September 1989 beim THW Ortsverband Gunzenhausen im Dienst stehende Faun ZR-Zugmaschine die letzte ihrer Art, die sich noch aktiv im Dienst befand. Das 1942 gebaute, in der damaligen Firmenwerbung als Verkehrsschlepper bezeichnete zweiachsige Fahrzeug wurde ursprünglich von der Reichsbahn beschafft, verfügte über eine Heckseilwinde und über ein zulässiges Gesamtgewicht von 10,6 t.

Nach erfolgtem Wiederaufbau der Fabrikationsanlagen in Lauf an der Pegnitz, konnte die Nachkriegsproduktion bei Faun schon bald wieder aufgenommen werden. 1949 stellte dieser Hersteller das aus den schweren Vorkriegstypen weiterentwickelte Achttonnenmodell L 7 L vor, das schon bald eine feste Größe im Fernverkehr der aufstrebenden Republik wurde. Zu Beginn der 80er-Jahre konnte man die noch existierenden Fahrzeuge fast an fünf Fingern abzählen. Einen der ganz wenigen Überlebenden, ein zum Abschleppkranwagen umgebauter früherer Fernlaster oder ein Fahrzeug mit Sonderaufbau von 1954 mit verkürztem Radstand (Bild oben), konnte ich am 27. September 1983 in Brohl am Rhein aufnehmen. Dieser langhaubige Bolide verfügte über einen 165-PS-Deutz-Diesel. Als Baukran endete die Laufbahn des unten gezeigten Faun-Dreiachsermodells F 603 mit 130-PS-Diesel aus dem Jahre 1952. Vermutlich war dieser einfachbereifte Wagen früher ein Kipper mit 10,8 t Nutzlast gewesen. Als das Fahrzeug im August 1981 bei Bad Rothenfelde auf einem Treffen fotografiert wurde, hatte ihn gerade erst ein Sammler vor der vermutlich drohenden Verschrottung gerettet.

H·PREUSS
TIEFBAU
ANDERNACH

H·PREUSS
TIEFBAU

Ein besonders schweres Kaliber ist dieser etwa 1953 gebaute Faun-Dreiachser L 8 L, den ich im Februar 1980 auf einer in Rheinnähe gelegenen Baustelle in der Nähe von Wesseling zufällig erspähte. Es war das Nachfolgemodell des L 7 mit stärkerem 180-PS-Motor von dem es, wie bereits zuvor, auch eine als Frontlenker gestaltete Ausführung gab. Diese gewaltigen Fernlastwagen wurden in der zeitgenössischen Werbung nicht ganz zu unrecht als „Güterzüge der Landstraße" bezeichnet. Zum Zeitpunkt der Aufnahme war die Zeit dieses Schwergewichts als „Güterzug" schon lange abgelaufen. Sein Fahrgestell diente einem Andernacher Tiefbauunternehmen als Plattform für einen Baukran, welcher der vorhandenen Schleppstange nach zu urteilen, von einem Zugfahrzeug zu den Einsatzorten geschleppt werden musste. Ob es wohl einem Sammler gelungen ist, dieses seltene und durchaus erhaltenswerte Fahrzeug vor der Verschrottung zu retten?

Ford

Zu den während des Krieges in großen Stückzahlen gebauten Lastkraftwagen der Kölner Ford-Werke gehörte dieser etwa 1943 abgelieferte V 3000 S-Dreitonnen-Lkw, der mit einem 95-PS-V-Achtzylinder-Benzinmotor bestückt war. Dieser an seinen vereinfachten flachen Kotflügeln und dem U-förmigen Stoßfänger identifizierbare Lastwagen fand im September 1982, als ich ihn auf einem Segelflugplatz in der Nähe von Montabaur entdeckte, als Schleppwinde noch sinnvolle Verwendung. Das Modell wurde während der ersten Nachkriegsjahre als Typ „Rhein" noch eine Zeitlang in friedensmäßiger Ausführung gefertigt.

Rechte Seite: Bis weit in die 70er-Jahre waren die Coca Cola-Getränkelastwagen auf Basis des Ford FK 3500 Diesel zumindest im Rheinland ein vertrautes Bild auf den Straßen. Im Juli 1979 aber hatten auch sie ausgedient und waren durch neuere Modelle ersetzt worden. Drei der alten Kämpen standen in Reih' und Glied auf einem Abstellplatz in der Nähe von Frechen. Ihr Antrieb erfolgte durch einen Sechszylinder-Hercules-Diesel mit 90 PS, der diese Fahrzeuge 90 km/h schnell machte. Nach dem VW-Transporter war es vor allem der Ford Transit, der in dieser neuen Fahrzeugklasse eine recht weite Verbreitung erfuhr. Ende 1965 wurde ein völlig neuer, als Kurzhauber konzipierter Transit vorgestellt, der, bei den englischen Ford-Werken entwickelt, bis 1970 weitgehend unverändert in Produktion blieb. Aus dieser Bauserie stammt dieser seltene Shell-Tankwagen, der mir irgendwo in den Niederlanden vor die Optik meiner Kamera geriet.

84
Trink
Coca-Cola
H. & J. SCHMITZ
5 Köln 51

BAKKER
Shell
FORD
VF-55-55

Hanomag

Die Firma Hanomag in Hannover war ein auf vielen Gebieten tätiges Unternehmen, das sich mit Dampfmaschinen, Lokomotiven, Traktoren, Lastwagen und Zugmaschinen und nicht zuletzt Personenkraftwagen beschäftigte. Mit dem unvergessenen Kleinwagen „Kommissbrot" startete dieser Hersteller im Jahr 1924 den Pkw-Bau, der aus Kapazitätsgründen nach 1945 nicht mehr fortgeführt wurde. Zwischen 1934 und 1938 wurde der Pkw „Garant" gefertigt, ein zweitüriger Viersitzer, angetrieben von einem Vierzylinder-Benzinmotor mit 23 PS Leistung. In der Not der ersten Nachkriegsjahre, als bei den vielerorts fehlenden Transportmöglichkeiten die Beförderung von Lasten weitaus dringlicher war als der von Personen, wurde so mancher Pkw zum Kleinlastwagen umgebaut. Zu diesem Zweck entfernte man – oftmals in Eigenleistung – den hinteren Teil des Fahrgastraums und brachte dort statt dessen eine Ladepritsche an. Eine Reise durch die DDR im Juni 1981 führte mich auch in den Raum Bautzen. Dort konnte ich auf einer kleinen Rundfahrt über die umliegenden Dörfer – von dem netten Besitzer eines kleinen landwirtschaftlichen Betriebes in seinem Vorkriegs-Goliath-Dreirad dazu eingeladen – neben einigen weiteren Dreiradfahrzeugen auch diesen umgebauten Hanomag „Garant" fotografieren. Sein Besitzer ließ sich gern auf dem Foto mit verewigen. Das seltene Fahrzeug war wohl noch betriebsbereit, wurde in der letzten Zeit aber nur noch selten eingesetzt.

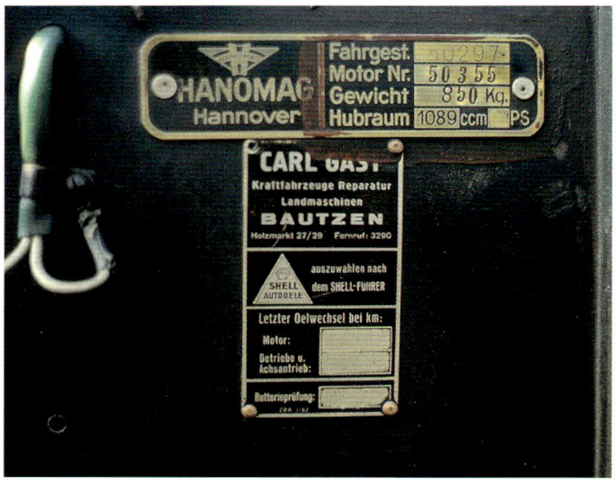

Eine der Domänen der Hanomag bildete der Bau von Zugmaschinen unterschiedlicher Leistung und Größe. Die wohl berühmteste und bekannteste unter ihnen war das Modell SS 100 „Gigant", die erstmals im Jahr 1936 angeboten wurde. Ein nach dem Vorkammerprinzip arbeitender wassergekühlter Sechszylinder-Diesel mit 100 PS war für die Fortbewegung dieses Fahrzeugs zuständig. Die schweren Zugmaschinen waren damals nicht nur im Alltagsbetrieb – oftmals mit zwei Anhängern – eine feste Größe, sondern auch beim Militär als Flugzeugschlepper oder bei Pioniereinheiten des Heeres sehr verbreitet. Nach dem Krieg wurde der Bau dieser Fahrzeuge, nun unter der neuen Bezeichnung ST 100, noch bis 1952 fortgeführt. Oben ist ein 1947 gebautes Fahrzeug Anfang des Jahres 1981 bei einem Lkw-Händler in Lünen bei der Übergabe an einen Sammler zu sehen. Das Bild unten zeigt eine im Juli 1982 in Norwegen nördlich des Polarkreises fotografierte, mit einer Heckhydraulik bestückte, bereits ausgemusterte Zugmaschine des gleichen Typs aus der Kriegszeit. Dieses von der Firma Fross-Büssing in Wien in Lizenz gebaute Fahrzeug ist nach 1945 dort stehen geblieben und wartete darauf, irgendwann zerlegt zu werden.

Im Jahr 1950 stellte die Hanomag mit dem Modell L 28 einen 1,5-t-Schnelllastwagen vor, dessen Äußeres von aktuellen amerikanischen Stileinflüssen geprägt war. Bemerkenswert war der erstmalige Einbau eines Dieseltriebwerks in einen Lastwagen dieser Nutzlastklasse. Dieser erste leichte Diesel-Lkw auf dem deutschen Markt entwickelte sich in den folgenden Jahren für das Unternehmen zu einem ansehnlichen geschäftlichen Erfolg, zumal die Fahrzeugpalette um Varianten mit bis zu 3 t Nutzlast konsequent erweitert wurde. Die Motorleistung betrug je nach Gewichtsklasse zwischen 50 und 70 PS, wobei die stär-

keren Motoren über ein Aufladegebläse verfügten. Während oben ein im Frühjahr 1983 in Österreich fotografiertes Fahrzeug zu sehen ist, zeigt die Abbildung in der Mitte einen zwei Jahre später in Burghausen gleichfalls noch eingesetzten leichten Abschleppwagen von 1956, der sich allerdings schon in einem arg zerrupften Zustand befand. Auf dem Bild unten ist ein abgemeldeter Pritschenwagen gleichen Baujahrs zu sehen, den ich 30 Jahre später im nördlichen Teil der Schweiz entdeckte.

Die robusten und zuverlässigen Hanomag-Lastkraftwagen konnten sich oft recht lange im Einsatz halten, sodass ich zu der Zeit, als ich Augenmerk und Fotolinse stärker auf alte Nutzfahrzeug zu richten begann, noch das eine oder andere Exemplar im aktiven Dienst erwischen konnte. Der oben gezeigte, noch recht ansehnliche L 28, den ich im Oktober 1980 im österreichischen Waldviertel antraf, gehörte allerdings nicht mehr den Aktiven an. Links unten im gleichen Jahr am Grenzübergang in die Niederlande bei Kaldenkirchen fotografierter L 28-Kofferwagen von 1956, der sich als Liefer- und Zustellfahrzeug einer Viersener Käse-Großhandlung nützlich machte. Dieses Fahrzeug blieb erhalten und ist heute mustergültig von einem Sammler restauriert. Rechts unten ein L 28 als leichte Zugmaschine mit Kurzpritsche, aufgenommen im Herbst 1981 auf der Cranger-Kirmes in Herne. Der 1958 gebaute Wagen besitzt bereits die durchgehende, leicht gewölbte Frontscheibe.

nicht schlecht, dass diesem schönen Exemplar noch einige Lebensjahre vergönnt waren.

HENSCHEL

Als ich am 25. März 1985 auf dem Betriebshof eines kleinen Fuhrunternehmens in Musberg bei Leinfelden-Echterdingen des oben abgebildeten Henschel HS 12 HAK ansichtig wurde, freute ich mich sehr, dass dieser aus Insiderkreisen stammende Tipp noch aktuell war. Denn allzu oft hatte ich es schon erlebt, dass ich zu spät kam und ich mir Aussagen wie „der ist vor zwei Monaten verschrottet worden“ enttäuscht anhören musste. Bei diesem 1963 gebauten Lkw mit Winterdienstausrüstung war dies zum Glück nicht der Fall. Während das Fahrzeug in der kalten Jahreszeit von der Gemeinde für Räumarbeiten in Beschlag genommen war, leistete der Allradkipper im Sommer seinen Dienst auf Baustellen.

Einen ungemein bulligen Eindruck vermittelt diese aus der Froschperspektive im Mai 1980 in Düsseldorf fotografierte HS 120-Zugmaschine von 1962, die einem Kölner Schausteller gehörte. Das mit Radzierblenden verschönerte Fahrzeug, unter dessen Haube ein 150-PS-Diesel seine Arbeit verrichtete, machte auch optisch eine gute Figur. Eine Nummer kleiner war der wenige Tage später fotografierte Henschel HS 95 mit seiner längeren Ballastpritsche aus dem Jahre 1959. Damals konnte man älteren Haubern und Frontlenker auf Kirmesplätzen noch verhältnismäßig häufig begegnen.

Bekannt geworden als ein für nahezu jedes Gelände geeigneter, überaus robuster Baustellenkipper ist das im Jahr 1955 erstmals vorgestellte schwere dreiachsige Frontlenkermodell HS 3-180 TAK. Die Nutzlast dieser überwiegend mit Kippmulde bestückten Fahrzeuge betrug 16 t. Ihr vornehmliches Einsatzgebiet waren Erdbewegungen auf Großbaustellen, in Steinbrüchen oder beim Autobahnbau. 180 PS Leistung konnte der gewaltige Sechszylinder-Diesel mit 11.045 cm³ Hubraum mobilisieren. Dieser schwere Kipper bewährte sich in allen Einsatzbereichen des In- und Auslandes ganz hervorragend, sodass seine Fertigung sogar noch im neuen Produktionsprogramm von 1961 bis 1967 weitergeführt wurde. Bei diesem nun als HS 34 TAK bezeichneten Fahrzeug war die Motorleistung auf 192 PS angewachsen. Dieser Typ war dank seiner Robustheit und Widerstandsfähigkeit so beliebt, dass man ihn selbst Mitte der 80er-Jahre noch verhältnismäßig häufig zu Gesicht bekam. Allerdings überwiegend im Werksverkehr und nicht auf öffentlichen Straßen. Einer der wenigen Ausnahmen war der oben abgebildete HS 34 des Düsseldorfer Fuhrunternehmers Josef Abelen, der seinen gepflegten HS 34 von 1962 bis weit in die 90er-Jahre einsetzte. Dies war nur dank guter Pflege und ausreichend zur Verfügung stehender Ersatzteile in Form mehrerer auf seinem Hof zum Ausschlachten bereitstehender typgleicher Fahrzeuge möglich. 1981, als die Aufnahme oben bei tief stehender Nachmittagssonne entstand, besaß der Wagen eine Kastenmulde, die aber zwei Jahre später gegen eine größere 10-cbm-Hinterkippmulde ausgetauscht wurde. Über eine solche verfügte auch der im Frühjahr 1984 in der Nähe von Vellberg fotografierte HS 34 TAK gleichen Baujahrs. Öffentliche Straßen durfte dieses Exemplar schon nicht mehr befahren – und das nicht nur wegen der fehlenden Scheinwerfer.

Der HS 34 TAK wurde auch als Sattelschlepper oder Zugmaschine eingesetzt. In seiner letzteren Funktion war er vor allem für Schwertransporte prädestiniert, zumal die Fahrzeuge für ein zulässiges Gesamtgewicht von 34 t zugelassen waren. Ein besonders gewaltiger Brocken ist diese (oben rechts) noch im März 1979 bei der Kölner Firma Baum, einem Unternehmen für Schwertransporte, im Einsatz stehende dreiachsige Zugmaschine mit Ladekran. Auf der großen planeüberzogenen Pritsche, wurden alle für diese Arbeiten notwendigen Werkzeuge und Geräte befördert. Im Gegensatz dazu war der oben links gezeigte dreiachsige, 1960 gebaute Abschleppkranwagen HS 3-125 TS eine frühere Sattelzugmaschine, die später umgebaut wurde. Am 11. August 1984 stand dieser zuletzt in Haren/Ems stationierte Wagen einsam und abgemeldet auf einem Firmengelände in der Nähe Osnabrücks. Im Jahr 1962 wurde das Modell HS 15 mit aktualisierter kantiger Haube eingeführt. Unten ein im September 1983 in Warstein fotografierter HS 15 HAK mit Ladekran von 1967, der mit einem Sechszylinder-Direkteinspritz-Diesel mit 180 PS bestückt war und auch nicht mehr den frischesten Eindruck vermittelte.

Unter der Bezeichnung F 261 AK präsentierten die Henschel-Werke einen schweren Frontlenker-Kipper mit drei angetriebenen Achsen. Vier Differenzialsperren und eine sehr solide Rahmenkonstruktion ließen das Fahrzeug auch mit ungünstigen Bodenverhältnissen gut fertig werden. Der Sechszylinder-Diesel, der den für deutsche Straßen auf 22 t Gewicht beschränkten Allradkipper fortbewegen musste, erzeugte anfangs 230, ab 1969 sogar 240 PS. Dieser (oben) noch gut erhaltene, 1988 im Duisburger Süden fotografierte, in Mülheim/Ruhr beheimatete Meiller-Kipper aus dem Jahr 1969, musste bereits wenige Monate später seinen Dienst quittieren. Analog zum Frontlenker gab es auch die Haubenvariante H 261 AK, die zwischen 1967 und 1974 als typischer allradgetriebener Baustellen-Kipper in Produktion blieb (Mitte). Die Nürnberger Bauunternehmung Rödl GmbH verfügte zu Beginn der 80er-Jahre über eine ganze Flotte dieser unverwüstlichen Fahrzeuge. Der Wagen unten ist von 1971. Auch im neuen Jahrtausend noch aktiv war dieser Henschel HS 26 HAK mit 15-t-Kirsten-Kranaufbau und 192 PS Motorleistung. Der 1965 gebaute Dreiachser läuft bei einer Aachener Abschleppfirma.

IFA

Mancher Leser wird mit dem Kürzel IFA – Industrieverwaltung Fahrzeugbau mit Sitz in Chemnitz – wenig anfangen können. Dieser Begriff entstand zum Jahresende 1947 in der damaligen Sowjetischen Besatzungszone und späteren DDR und bedeutete die Vereinigung aller in diesem Land ansässigen Fahrzeug- und Motorenfabriken unter dem so bezeichneten Dachverband. Darunter war alles zusammengefasst, was Räder hatte, also Straßen- und Ackerschlepper, Lastkraftwagen, Pkw, Motorräder und sogar die Fahrradindustrie. Im Sommer 1981, als ich mich drei Wochen auf Entdeckungsurlaub in der DDR aufhielt, waren die Fahrzeuge der 50er-Jahre dort noch allgegenwärtig. Ein IFA F 8-Pkw-Fahrgestell zur Basis hatte der irgendwo im Raum Bautzen fotografierte Kleintransporter mit nachträglich installierter Holzpritsche auf dem großen Bild. Der auf dem Vorkriegs-DKW-Modell „Meisterklasse" basierende, seit 1949 im Automobilwerk Zwickau gefertigte Wagen wurde von einem Zweizylinder-20-PS-Zweitaktmotor mit 684 cm^3 Hubraum fortbewegt. In Gera entstand das Foto des unten gezeigten, Ende der 50er-Jahre gebauten Wartburg 311-Schnelltransporters. Dieses sehr schnittig wirkende Fahrzeug wurde im Volksmund „Cubawagen" genannt, da eine größere Serie an diesen sozialistischen Bruderstaat exportiert wurde. Obwohl ein zur damaligen Zeit sehr ansehnliches Automobil, musste der Wartburg mit einem ebenfalls zweitaktenden Dreizylindermotor und nur 37 PS vorlieb nehmen.

Der Standardlastwagen der DDR bis Ende der 60er-Jahre war der in Zwickau und Werdau fabrizierte Horch H 3 A, bzw. ab 1958 das Modell S 4000-1. Die Fortbewegung dieses 3,5- bis 4-Tonners besorgte ein Vierzylinder-Wirbelkammer-Diesel mit 80, ab 1958 90 PS Motorleistung. Der in großen Stückzahlen produzierte mittelschwere Lkw war in der DDR sozusagen das Mädchen für alles und wurde, seiner Gewichtsklasse entsprechend, in den unterschiedlichsten Verwendungsbereichen eingesetzt. Der Motorwagen des im Oktober 1984 in Berlin-Ost abgelichteten Anhängerzuges auf der Abbildung oben ist ein 1963 gebautes Fahrzeug vom Typ S 4000-1. Eine bemerkenswerte und viel versprechende Entwicklung war der erstmals 1951 vorgestellte Schwerlastwagen H 6, ein Fahrzeug für 6,5 t Nutzlast. Äußerlich entsprach er dem IFA H 3 A, nur war der H 6 viel größer und bulliger und verfügte über einen Sechszylindermotor mit 120 PS Leistung. Leider musste sein Bau im Jahr 1959 aufgrund interner Bauabsprachen innerhalb der RGW-Mitgliedsländer eingestellt

werden. Anfang der 80er-Jahre waren aber noch relativ viele dieser Lastwagen, vor allem als Kipper in der Bauwirtschaft – wie hier auf dem mittleren Bild im Juli 1981 in Karl-Marx-Stadt – anzutreffen. In kleinen Stückzahlen gab es den H 6 auch als Sattelzugmaschine mit Omnibusauflieger oder als Büchereifahrzeug. Unten ein im September 1978 bei Jöhstadt/Erzgebirge fotografiertes Exemplar.

Oben ist ein im Bezirk Neubrandenburg beheimateter Pritschenwagen IFA S 4000-1 mit 3550 mm Radstand von 1961 zu sehen. Die Abbildung entstand am 30. Oktober 1984 in Ostberlin. Damals gehörten diese Haubenwagen noch zum Alltagsbild auf den Straßen der DDR, wenngleich das Nachfolgemodell, der ab 1967 gebaute Frontlenker W 50, schon in der Überzahl war. Unten ein im Sommer 1991 in der Innenstadt von Leipzig fotografierter, gut gepflegter IFA S 4000-1 mit Stabholz-Kofferaufbau. Heute wird man solche Fahrzeuge auch in den so genannten „neuen Bundesländern" vergeblich suchen und selbst dem W 50 begegnet man nur noch höchst selten.

Neben den bereits werksseitig sehr zahlreich vorgesehenen Aufbauvarianten für den S 4000-1 – sie reichten vom Pritschenwagen über Lösch- und Rettungsfahrzeuge bis zur Kehrmaschine – gab es auch viele Sonderaufbauten, die mehr oder weniger in Einzelanfertigung von Karosseriefirmen erstellt wurden. Dazu gehörte auch der oben gezeigte Oberleitungs-Turmwagen, der mir bei einem meiner Ost-Berlin-Besuche mit Tagesvisum Anfang November 1984 am Prenzlauer Berg plötzlich auf der Straße entgegen kam. Mit weit ausholenden, unmissverständlichen Handbewegungen brachte ich den Wagen zum Halten. Der Fahrer war gegenüber meinen fotografischen Wünschen sehr aufgeschlossen und fuhr sein Fahrzeug in eine günstige Position. Es war Baujahr 1959 und wurde von den Berliner-Verkehrs-Betrieben eingesetzt. Bereits im Sommer 1981 entstand die Ablichtung des in der Mitte gezeigten IFA G 5-Werkstattwagens, eines geländegängigen, auf Basis des H 6-Lkw zwischen 1953 und 1964 gebauten Fahrzeugtyps. Neben den überwiegenden militärischen Aufbauvarianten wurde er aber auch für zivile Kunden angeboten. Dieser G 5 von 1961 mit Einweiserluke stammte aus NVA(Nationale Volksarmee)-Beständen. Für kurze Zeit gab es vom H 6 auch ein Niederrahmenfahrgestell für Omnibusaufbauten. Diese Fahrzeuge verfügten über einen Sechszylinder-Dieselmotor mit 150 PS und waren 80 km/h schnell. Im September 1979 traf ich in Neudorf/Erzgebirge ein gut gepflegtes Fahrzeug von 1959 an.

Kaelble

Die Firma Carl Kaelble GmbH aus Backnang machte sich durch ihre Spezialisierung auf Zugmaschinen in der Nutzfahrzeugbranche einen Namen. Neben den Zugmaschinen von Faun spielten seit den 30er-Jahren vor allem die Kaelble-Schwerlastzugmaschinen bei der Reichs- und späteren Bundesbahn eine große Rolle. Sie dienten vor allem dem Verfahren von Eisenbahnwaggons auf Culemeyer-Straßenroller-Spezialanhängern für Kunden ohne eigenen Gleisanschluss. Daneben befanden sich bei diesem eher kleinen Hersteller auch Lastkraftwagen im Fertigungsprogramm. Wegen ihrer für Sonderaufgaben benötigten großen Zugkraft war auch noch in den Achtzigern so mancher Abschleppunternehmer froh, einen schweren Kaelble in seinem Bestand zu haben. Bereits ausgedient hatte dieses auf einem Schrottplatz in der Nähe von Euskirchen im Oktober 1981 fotografierte Fahrzeug.

Damals wohl die letzte ihrer Art war die oben abgebildete schwere Kaelble-Frontlenker-Zugmaschine des Modells K 631 LF aus dem Jahr 1954. Eigentlich waren diese frühen Frontlenker umgebaute Haubenlastwagen mit einem in die Kabine zurückverlegten Motor. Für die Fahrzeugbesatzung waren auf Grund dieser Auslegung Lärm und Gerüche, trotz Verkleidung und zusätzlich angebrachter Isolierung durch eine wattierte Umhüllung, unvermeidlich. Aber damals kannte man es nicht anders. Für die Fortbewegung dieses mächtigen, sehr gepflegten Fahrzeugs war ein großvolumiger, 150 PS starker Sechszylinder-Diesel mit 14.330 cm³ Hubraum verantwortlich. Der Kranwagen stand noch zu Beginn der 80er-Jahre bei einem Abschlepp- und Bergeunternehmen im nördlichen Ruhrgebiet in Lohn und Brot. Die Zugmaschine war mit 60 km/h Maximalgeschwindigkeit zwar nicht gerade rekordverdächtig schnell, dafür aber ungemein zugkräftig. Etwa 1984 ging der Wagen aufs Altenteil in Sammlerhände. Noch eine Nummer größer war die links gezeigte Kaelble-Dreiachs-Straßenzugmaschine KDV 22 Z 8 aus dem Jahre 1962, die bis Anfang der 80er-Jahre bei einem Kranverleih- und Schwertransportunternehmen in Graz/Österreich mit dem Ziehen von Tiefladern mit schwerem Gerät noch richtig Geld verdienen musste. Acht Zylinder, 240 PS, 19.100 cm³ Hubraum und 22 t zulässiges Gesamtgewicht waren Daten, die durchaus beeindrucken konnten. Als ich sie in Castrop-Rauxel bei einem Sammler fotografierte, war sie vor der Zerlegung gerettet.

Dreißig Jahre später noch aktiv bei der Sache war der links oben abgebildete dreiachsige Abschleppkranwagen Kaelble KDV 680, Baujahr 1955, eines Wetzlarer Abschleppunternehmens. Ein nicht unerheblicher Teil der Standorte damals noch existenter und einsatzfähiger Abschlepp- und Bergefahrzeuge wurde mir durch meinen guten Kontakt zum Deutschen Abschlepp- und Bergeverband zuteil, in dessen Hausschrift ich mehrere kostenlose Suchanzeigen schalten konnte. Die technischen Daten dieses Kaelble-Fahrzeugs sind nicht minder beeindruckend: Sechszylinder-Diesel, 180 PS, 14.236 cm³ Hubraum und 21,5 t zulässiges Gesamtgewicht. Ein Kipperfahrgestell zur Basis hatte die gewaltige KD 833 E/S-Dreiachs-Kaelble-Zugmaschine von 1960 in der Mitte. Sie wurde im Mai 1984 von einem Betrieb in Selm bei Münster noch hin und wieder eingesetzt. Unter der riesigen Haube arbeitete ein Achtzylinder-Diesel, dessen Leistung durch zwei Turbolader auf 300 PS gesteigert werden konnte. Für den 1954 gebauten KDV 680 mit Wilhag-Krananlage und Vorbauseilwinde auf dem Bild unten gab es bei einem Kfz-Betrieb im Raum Geislingen im Juni 1982 ebenfalls noch ab und zu etwas zu tun.

Ein Schausteller aus Bad Oldesloe hatte für diese 1982 bei Hamburg abgelichtete schwere KD 680-Zweiachszugmaschine von Kaelble noch gute Verwendungsmöglichkeiten. Die Deutsche Bundesbahn führte die schon aus Reichsbahnzeiten herrührende erfolgreiche Zusammenarbeit mit dem Hersteller aus Backnang fort und bezog weiterhin einen Großteil ihrer Zugmaschinen von dort. Ende der 70er-Jahre aber wurde wegen der immer stärker werdenden Straßenkonkurrenz und vor allem in Folge des aufkommenden Containerverkehrs der Transport von Waggons auf Culemeyer-Straßenrollern immer seltener. Daher bestellte die Bundesbahn 1972 ein letztes Mal zweiachsige Zugmaschinen bei Kaelble. Aus dem Jahr 1970 stammte diese im November 1980 auf dem Bundesbahn-Betriebsgelände in Düsseldorf-Derendorf abgelichtete KV 632 ZB/14-Zugmaschine mit 270-PS-Sechszylinder-Direkteinspritz-Dieselmotor (Bild Mitte). Mit dem Modell K 415 Z nahm Kaelble im Jahr 1954 auch eine speziell für Nahtransporte konzipierte leichte Straßenzugmaschine ins Fertigungsprogramm. Das in unterschiedlichen Größen erhältliche Fahrerhaus dieser wendigen und sehr beliebten Fahrzeuge war erstmals in Ganzstahlbauweise gefertigt. Insgesamt verließen bis 1961 fast 300 Einheiten die Werkshallen. Auch bei Schaustellern hatten diese in Schnellgangausführung bis zu 70 km/h Höchstgeschwindigkeit erreichenden Fahrzeuge einen guten Namen. Dieser Aufgabenbereich war es auch, der zu den letzten Aktivitäten dieser im Juni 1981 fotografierten Zugmaschine aus Bonn zählt.

Krupp

Von Fahrzeugen mit dem Namen Krupp geht unter Insidern auch heute noch eine geradezu magische Faszination aus, obwohl die bereits 1968 erloschene Lastwagenfertigung in keiner Weise zu den Hauptaktivitäten des großen Essener Konzerns gehörte. Erst 1932, zur Zeit der Weltwirtschaftskrise, begann man, im Lastwagenbau aktiv zu werden. Nach Kriegsende konnte erst ab 1949 wieder ein Diesellastwagen angeboten werden. Eine besondere Berühmtheit erlangte der legendäre Krupp Titan, der mit 210 PS damals stärkste Schwerlastwagen in Deutschland. Zu dieser Zeit waren nach dem Zweitaktverfahren arbeitende Motoren ein Merkmal dieses Herstellers. Diese Arbeitsweise war auch der Grund für das unverkennbare, aggressiv klingende Motorengeräusch der Krupp-Lastwagen. Titan & Co. und alle anderen Krupp-Klassiker aus den frühen 50er-Jahren waren 25 Jahre später selbst im Ruhrgebiet, wo sie aufgrund der Nähe zum Herstellerwerk besonders häufig vertreten waren, praktisch völlig verschwunden. Einer der letzten Überlebenden war der unten abgebildete Krupp Büffel-Straßensprengwagen. Dieses mittelschwere Lastwagenmodell mit Schörling-Aufbau besaß einen Dreizylinder-Zweitakt-Diesel mit 110 PS aus 4350 cm^3 Hubraum. Das Fahrzeug wurde an Markttagen von der Stadtverwaltung Herne für Reinigungsarbeiten, wie hier im Sommer 1981, eingesetzt. Schon damals war der Wagen so bekannt, dass ihm das Schicksal der Zerlegung erspart blieb. Zu den ausgesprochenen Einzelstücken zählt auch dieser 1959 gebaute und am 27. Juni 1984 noch eingesetzte Krupp-Kipper des Typs Widder K 60 W 3 eines kleinen Fuhrunternehmers aus Neustadt/Saale (kleines Bild). Zwar etwas murrend, denn zu oft war er in der letzten Zeit schon von Fans besucht worden, fuhr mir der Besitzer sein Schmuckstück auf einen freien Platz, wo die Ablichtung problemlos möglich war. Auch dieser Lkw zählt zu den Überlebenden.

Ungleich häufiger, da erst später gebaut, konnte man den mit englischen Cummins-Motoren ausgerüsteten Krupp-Modellen der 60er-Jahre begegnen. Bereits 1959 war damit begonnen worden, das äußere Erscheinungsbild der Krupp-Lastwagen zu aktualisieren. Erst 1963 entschloss sich das Unternehmen zur Abkehr von dem etwas rauen Zweitaktverfahren und führte für das gesamte Bauprogramm die neuen, in Lizenz gefertigten Dieselmotoren ein. Auf dieser Basis entstand bis zum Ende des Krupp-Lastwagenbaus im Jahr 1968 eine Vielzahl unterschiedlich motorisierter Frontlenker- und Haubenlastwagen. Letztere fanden als Kipper bevorzugt in der Bauwirtschaft Verwendung. Den oben abgebildeten Sechszylinder-Cummins-Krupp K 960 entdeckte ich 1986 auf der Durchreise in der Schweiz. Auch die Bauunternehmung Heinrich Gietmann in Rheinberg vertraute noch lange Zeit auf das Markenzeichen mit den drei Ringen. Im Sommer 1981 gehörte dieser Cummins-Kipper aber schon zu den Letzten seiner Art.

1967 begann Krupp mit der Einführung eines 265 PS starken direkteinspritzenden Achtzylinder-V-Motors. Ein 1968 gebauter und noch eingesetzter allradgetriebener Krupp-Cummins-Dreiachskipper AK 380 (Bild oben) geriet mir im März 1983 vor die Fotolinse. Sein Antrieb erfolgte durch den besagten Achtzylinder-Viertakt-Diesel mit 12.850 cm³ Hubraum. Hingegen war der in der Mitte gezeigte, im Juni 1979 im Würzburger Raum fotografierte Dreiachser des gleichen Typs bereits abgestellt. Der in Siegen beheimatete, 1967 gebaute Holztransporter mit Palfinger-Ladekran war vom Typ K 806. Das hinterradgetriebene Fahrzeug wurde von einem Sechszylinder-Cummins-Diesel mit 186 PS und 9570 cm³ Hubraum fortbewegt. Von diesem Exemplar hatte ich durch einen Bekannten erfahren. An einem Spätnachmittag des Sommers 1982 kam das Fahrzeug mit einer Ladung Holz aus einem nahen Waldstück.

Die Bauunternehmung Wettering in Schweinfurt gehörte zu jenen Betrieben, die auf ihre bald 20 Jahre alten Krupp-Lastwagen noch nicht verzichten wollte. Diesen Tipp gab mir ein Freund aus Erlangen. Erfahrungsgemäß war es angebracht, mit einem Fototermin nicht allzu lange zu warten, denn die Lage konnte sich schnell ändern. Schon wenige Wochen später hatte ich für diesen Großraum so viele weitere Fahrzeuge lokalisiert, dass sich eine Viertagestour lohnte. Ein Anruf ergab, dass die Firma Wettering noch insgesamt fünf Krupp-Lastwagen im Fuhrpark hatte. Als günstigste Tageszeit, um alle Fahrzeuge zu erwischen, vereinbarte ich die Feierabendzeit an einem späten Nachmittag. Am 27. Juni 1984, meinem ersten Reisetag, erwischte ich ab 15.30 h innerhalb von einer Stunde alle Fahrzeuge. Zwei davon – es waren 1967 gebaute Allradkipper des Typ AK 1060 mit 4,50 m Radstand und 16 t zulässigem Gesamtgewicht – sind auf dieser Seite zu sehen. Unter ihren bulligen Motorhauben arbeiteten Sechszylinder-Cummins-Diesel mit 210 PS und 9570 cm^3 Hubraum.

Eine Dreiachs-Sattelzugmaschine des Typs SF 380 von 1968 zur Basis hatte dieser zu einem Kranwagen umgerüstete Frontlenker-Abschleppwagen der Firma Alfred Regel aus Baunatal bei Kassel. Das von diesem Betrieb seinerzeit neu beschaffte Fahrzeug fuhr mehr als 20 Jahre im Fernverkehr, bis sein Umbau für den Abschlepp- und Bergedienst erfolgte. Ausgerüstet ist der mit einem V8-Diesel bestückte Krupp mit einer 10-t-Krananlage sowie einer 4-t-Seilwinde. Zum Zeitpunkt der Aufnahme im Sommer 1998 präsentierte sich der für den Fototermin gewaschene und herausgefahrene Wagen zwar in einem sehr guten Zustand, er war aber bereits abgestellt. Im November 1984 noch im Einsatz stand der auf dem mittleren Bild gezeigte Dreiachs-Kipper des Typs KF 360 aus dem Jahre 1965. Nach längerem Suchen entdeckte ich das begehrte Fahrzeug auf einer Baustelle in der Nähe von Magstadt bei Stuttgart. Aus dem Güterfernverkehr waren auch die Cummins-Modelle damals bereits gänzlich verschwunden. Deshalb wollte ich es zunächst kaum glauben, dass es in Langen bei Offenbach noch eine Spedition gab, die zwei Fahrzeuge für Fernfahrten einsetzte. Bei meinem schon bald darauf im Sommer 1984 erfolgten Besuch hatte ich das Glück, beide Exemplare anzutreffen. Der unten abgebildete Krupp KL 980 von 1965 mit V-Achtzylinder-Diesel war eines davon. Schon kurze Zeit später war diese Herrlichkeit vorbei. Beide Fahrzeuge gingen allerdings in Sammlerhände.

Bei Bauunternehmen, in Sand- und Kiesgruben oder Steinbrüchen endete oftmals der letzte Lebensabschnitt vieler Kipper. So auch dieses stattlichen Krupp KF 980-Anhängerzuges mit V8-Cummins-Diesel der Firma Sand-Potzler aus Pegnitz, dessen Ablichtung (Bild oben) ich am 28. Juni 1984 meiner Sammlung einverleiben konnte. Für einen der beiden vom gleichen Betrieb eingesetzten SF 980-Sattelzüge mit Dreiachs-Hinterkipp-Auflieger musste ich tags darauf fast das ganze Gelände des weit verzweigten Nürnberger Hafens absuchen, bis ich den in der Mitte abgebildeten Wagen endlich auf einem Parkstreifen abgestellt entdeckte. Zum Glück wusste ich zumindest, dass dieser 1966 gebaute Sandtransporter von seinem Fahrer immer an den Wochenenden irgendwo im Hafen abgestellt wurde. Bei einem Straßen- und Tiefbaubetrieb in Essen begegnete ich im Herbst 1984 einem weiteren, 1967 gebauten und unten abgebildeten SF 980 mit Beilharz-Hinterkipperaufbau.

Magirus

Wenn der Name Magirus fällt, kommt bei vielen Fahrzeugfreunden zuallererst die Erinnerung an die bis ins 19. Jahrhundert zurückreichende Vergangenheit der Marke als Hersteller von Feuerwehrfahrzeugen und Geräten. Denn es dauerte bis zum Jahr 1916, ehe die Ulmer Fabrik mit dem Bau eigener Lastwagen begann. 1936 kam es zur Übernahme durch die Kölner Klöckner-Humboldt-Deutz-Motoren AG, unter deren Name das Unternehmen ab 1938 auch firmierte. Die in Köln gefertigten Motoren wurden schon bald in das umfangreiche Lastwagen-Typenprogramm eingebaut. 1944 gelang es, einen Dieselmotor mit Luftkühlung zur Serienreife zu bringen. Ab 1948 wurden Motoren mit dieser Kühlungsart in allen Magirus-Lkw verwendet. 1951 erregten die ersten Lastwagenmodelle einer völlig neuen Reihe mit seinerzeit sehr fortschrittlich geformter, stark gerundeter Motorhaube großes Aufsehen. Es waren die berühmten Rundhauber, die fast über zwei Jahrzehnte das charakteristische Erscheinungsbild des Ulmer Unternehmens auf den Straßen prägen sollten. Diese Modelle spielten seinerzeit auch im stark exportorientierten Feuerwehrbereich die dominierende Rolle. Solche Fahrzeuge standen teilweise bis weit in die 80er-Jahre und bei kleineren Wehren stehen sie ganz vereinzelt sogar noch heute in Einsatz- oder Reservediensten. Solche Resultate waren nur möglich dank der Robustheit der Konstruktion. Eine meist nur geringe Auslastung verbunden mit guter Pflege und Wartung trug selbstverständlich das Ihre dazu bei. Während die auf dem großen Bild gezeigte, 1961 gebaute DL 25 m auf Magirus Mercur 125 noch Mitte der 80er-Jahre von einem Betrieb in Castrop-Rauxel eingesetzt wurde, zeigt das Bild unten eine vermutlich früher von der Berufsfeuerwehr Wien eingesetzte mechanische DL 37 m auf Magirus S 6500. Dieses schwere Fahrzeug von 1952 besaß einen luftgekühlten Achtzylinder-Diesel mit 175 PS Motorleistung. Das Foto dieser vom Dachdeckerbetrieb Wittner in Steyr/Österreich eingesetzten Drehleiter entstand im November 1979.

Die Aufnahmen dieser Buchseite zeigen drei zwar gänzlich verschiedene Fahrzeuge, die aber eine Gemeinsamkeit haben: alle sind Baujahr 1954. Oben ist ein Straßensprengwagen im Bild, der das Chassis eines Magirus S 3500 mit luftgekühltem Dieselmotor zur Basis hat. Dieses noch relativ gut erhaltene Kommunalfahrzeug wurde bei der Stadt Deggendorf außer Dienst gestellt. Einsam auf einer Wiese deponiert, sah es im Sommer 1983 einer ungewissen Zukunft entgegen. Mit sehr viel Glück kann man gelegentlich selbst heute noch einem Magirus-Veteranen auf der Straße begegnen. Am 11. April 2000 war eine solche Gelegenheit, als mir der in der Mitte abgebildete, bereits mit seitlichem Unterfahrschutz ausgerüstete A 6500-Abschleppwagen vor die Linse geriet. Dieser frühere Allradkipper verfügte über einen Achtzylinder-Diesel mit Luftkühlung und war mit einer 3-t-Bilstein-Krananlage bestückt. Unverkennbar ein ehemaliges Feuerwehrzeug – ein allradgetriebenes Tanklöschfahrzeug TLF 15 in der so genannten Omnibusbauform – war die unten abgebildete Zugmaschine eines Schaustellers einstmals gewesen, die meinen Weg am 27. Juni 1984 in Neustadt/Saale kreuzte. Es ist sehr bemerkenswert und spricht mehr als viele Worte für die Zuverlässigkeit, aber auch für das Vertrauen seines Besitzers in den technischen Zustand dieses 30 Jahre alten Fahrzeugs, dass er diesem die weite Strecke von Hamm/Westfalen noch zumutet.

Die Magirus-Rundhauber sah man früher überall, sodass niemand wirklich Notiz von ihnen nahm. Ende der 70er-Jahre gab es sie zwar noch, aber sie standen längst nicht mehr an jeder Ecke. Fast nur noch durch das gezielte Aufsuchen von Standorten kam man zu fotografischen Erfolgen. Anders dagegen das in Bottrop beheimatete Milchcontainerfahrzeug auf dem Bild oben, das ich im Juni 1981 auf einer Bundesstraße überholte und für ein Foto anhielt. Es war ein 1960 gebauter Magirus Mercur 125, der von ebenso vielen Pferdestärken auf Trab gehalten wurde. An einem trüben Februartag des Jahres 1981 lief mir der Magirus Sirius einer Düsseldorfer Gerüstbaufirma in meiner Mittagspause über den Weg. Zum Glück hatte ich in meinem Einkaufsbeutel den Fotoapparat dabei. Nur mit Hilfe eines ortskundigen Freundes gelangte ich an den Standort des 1963 gebauten Magirus Sirius auf dem Foto unten. Er fuhr im Mai 1984 noch als Heizöltransporter einer Nürnberger Kohlenhandlung.

Am 10. Mai 1989 nutzte ich eine private Reise nach Stuttgart, um einige auf dem Hin- und Rückweg gelegene Standorte noch im Einsatz befindlicher Nutzfahrzeugveteranen aufzusuchen. Als erstes steuerte ich die Forschungs-Gemeinschaft für Hochspannungs- und Hochstromtechnik e.V. in Mannheim-Rheinau an. Neben dem in diesem Buch bereits weiter vorn abgebildeten Mercedes-Benz L 407 verfügte dieses Institut über einen noch älteren Messwagen vom Typ Magirus Sirius 90 L aus dem Jahr 1961. Den Kastenaufbau für diesen rechts gezeigten Wagen fertigte das Karosseriewerk Stauffen in Eislingen. Als Sonderserie für die Deutsche Bundespost entstand eine größere Anzahl Paketwagen mit runder Nase.

Bis 1967 waren es die Sechszylinder des Modells 90 D 7 L, bis 1971 schließlich der Typ 110 D 7 mit 110-PS-V-Sechszylinder-Motor. Mit diesem Modell endete gleichzeitig nach mehr als 20 Jahren die Fertigung von Magirus-Rundhaubern überhaupt. In der Mitte wird ein 1980 aufgenommenes Postfahrzeug aus der letzten Serie gezeigt. Das Vierzylindermodell 85 D 7 zur Basis hatte dieser vom Feuerwehrausrüster Bachert erstellte Unfallhilfs- und Oberleitungsturmwagen der Stadtwerke und Verkehrsbetriebe in Augsburg. Die hydraulische Bühne dieses 1965 gebauten Fahrzeugs besaß eine Tragkraft von 300 kg. Als ich diesen Wagen mit seiner verrundeten Frontscheibe im August 1982 fotografierte, befand er sich in einem guten Pflegezustand, denn auf seine Dienste konnte damals noch nicht verzichtet werden.

Die luftgekühlten Magirus-Lastwagen waren überaus solide und robust und fast als „unkaputtbar“ zu bezeichnen. Diese handfesten Vorteile trugen viel zu ihrer Beliebtheit im Schaustellergewerbe bei. Mit ihren auf Zugmaschinenlänge verkürzten Fahrgestellen konnte man diesen sehr wendigen Fahrzeugen mit ihrem heulenden Motorgeräusch vereinzelt sogar bis weit in die 90er-Jahre noch vielerorts begegnen. Oben ein farblich aufgefrischter Magirus Mercur 125 aus dem Jahr 1959, angetroffen im August 1985 in Upgant-Schott in der Nähe von Norden/Ostfriesland. In der Mitte ein Magirus Sirius 90 gleicher Baugröße aus dem Jahre 1964, dem ich Ende April 1985 in Heroldsberg bei Nürnberg begegnete. Das Foto unten – ein Magirus Mercur 150 aus der nachfolgenden Eckhaubergeneration – entstand im Juli 1979 in Hagen.

Zwei noch zu Beginn der 80er-Jahre aktive Transporter für Materialien mit Überlängen wie Langeisen oder Rohre, sind oben und in der Mitte zu sehen. Beide Fahrzeuge sind vom Typ Sirius 90 L und waren im besonders langen Radstand von 4850 mm ausgeführt. Damit die volle Fahrzeuglänge ausgenutzt werden konnte, erhielten beide Modelle eine schmalere Fahrerkabine mit seitlichen Schiebetüren. Während das grau lackierte Fahrzeug in der Abbildung oben von einer Göppinger Eisenhandlung eingesetzt wurde, lief das darunter gezeigte blaue Pendant im Raum Trier. Auch die nachfolgenden Eckhauber machten sich damals schon recht rar auf unseren Straßen. Auf dem Hof einer Möbelspedition in Norden/Ostfriesland stand im August 1985 dieser noch zugelassene Magirus 150 D 10, an dem ich nicht ohne auf den Kameraauslöser zu drücken vorübergehen konnte. Ein weiteres Plus war der zweiachsige Ackermann-Möbelanhänger, mit dem dieser 1965 gebaute Lkw mit seiner breiten Motorhaube gekuppelt war.

Vor allem als Baustellenkipper waren die bereits seit 1954 angebotenen Eckhauber, die in der späteren Firmenwerbung der 70er-Jahre zu Recht als „Baubullen" bezeichnet wurden, überaus beliebt. Für diese Bereiche hatte man sie ja seinerzeit eigens entwickelt, denn der Einsatz der zwar formschöneren, aber gegen Verwindungen im Gelände wenig gefeiten einteiligen Motorhauben der Rundhauber ließ sich auf Dauer nicht vertreten. Die dreiteilige, eckige Haube der Eckhaubermodelle war hierfür ungleich besser geeignet. Daher baute man in den 50er-Jahren zunächst überwiegend allradgetriebene Fahrzeuge, bis die Rundhaubergeneration zu Beginn der 60er-Jahre ganz von den Eckhaubern mit freistehenden Scheinwerfern abgelöst wurden. Oben sehen wir ein im Juli 1986 in einem Wohngebiet in Moers fotografierten mit Bauschutt beladenen Eckhauberkipper. Auf dem Bild in der Mitte ein 1959 gebauter Mercur 120 AK im Raum Bad Windsheim. Überaus schnell von den Straßen verschwanden die bis 1965 gebauten Magirus-Frontlenker der ersten Generation. Im März 1982 war ich daher sehr zufrieden, bei meinem Besuch der Städtischen Verkehrsbetriebe Wuppertal einen 1965 von Schörling aufgebauten Oberleitungsturm- und Montagewagen Magirus Saturn 150 F dieser Bauweise (Bild unten) anzutreffen.

Im Sommer 1983 setzte ein Bonner Baugeschäft diesen ansehnlichen, 1964 gebauten Magirus Jupiter 6 x 6-Allradkipper mit Ladekran noch täglich ein. Unter der breiten eckigen Haube dieses Dreiachsers wirkte ein luftgekühlter Achtzylinder-V-Motor mit 12.667 cm³ Hubvolumen und 195 PS Leistung. Dem Baujahr 1968 entstammte dieser Fernmeldegerätewagen der Deutschen Bundespost auf dem Foto unten rechts, der auf einem Magirus-Eckhauberfahrgestell 150 D 13 AK entstanden war. Eine Dienststelle in Wassertruidingen setzte diesen Wagen im Frühjahr 1985 noch ein. 1956 begann der zum Klöckner-Konzern zählende Feuerwehraufbauhersteller Magirus in Ulm mit der Entwicklung eines speziell für Feuerwehren konzipierten dreiachsigen Kranwagens. Das Fahrzeug entstand auf dem damals schwersten in Deutschland serienmäßig erhältlichen Lkw-Fahrgestell vom Typ Magirus Uranus mit Zwölfzylinder-V-Motor, 250 PS und 15.966 cm³ Hubvolumen. Anfangs mit einer 15-t-Krananlage ausgerüstet, erfolgte im Jahr 1962 eine Verstärkung des Auslegers, wodurch die Anhebung auf 16 t möglich wurde. Erst 1969 wurde der letzte KW 16 ausgeliefert. Diese Fahrzeuge konnten sich vereinzelt bis in die 90er-Jahre bei Feuerwehren, aber auch bei Abschlepp- und Bergeunternehmen halten, die dankbare Abnehmer für diese gewaltigen Kolosse waren. Unten links ein auf F Magirus 250 D 25 A-Allradfahrgestell aufgebauter Kranwagen KW 16, der 1962 von der Berufsfeuerwehr Braunschweig in Dienst gestellt wurde. Als er zwölf Jahre später seinen Dienst bei der roten Zunft quittieren musste, fand er bei dem ortansässigen Kran- und Abschleppdienst Kurt Gessler ein neues Betätigungsfeld. Dort habe ich ihn im März 1985 fotografiert.

MAN

Der Bau von Lastkraftwagen begann bei der sowohl in Augsburg und Nürnberg ansässigen gleichnamigen Maschinenfabrik während des Ersten Weltkrieges im Jahre 1915. Zunächst handelte es sich um in Lizenz gefertigte Fahrzeuge des Schweizer Herstellers Adolph Saurer AG. Nachdem 1924 die erste eigene Konstruktion mit einem hauseigenen Direkteinspritz-Diesel verwirklicht wurde, war man in den 30er-Jahren mit einem nach dem Baukastensystem gefertigten, alle Nutzlastklassen abdeckenden Lastwagentypenprogramm recht erfolgreich. Während des Krieges war auch dieses Unternehmen von den Typenbeschränkungen des Schell-Planes betroffen, nach welchem nur noch Drei- und Viereinhalb-Tonner gebaut werden durften. Das Modell ML 4500 war ein sehr solider und robuster Lkw, den es auch in einer Militärausführung mit Allradantrieb gab. Einem 1943 gebauten, hinterradgetriebenen Lastwagen ML 4500 S begegnete ich auf meinem ersten Besuch in Ostberlin im Juli 1978 auf der Schönhauser Allee. Dem zu jener Zeit auch im östlichen Teil Berlins und in der DDR mittlerweile bereits zu den Seltenheiten zählenden Fahrzeug sah man seine sicherlich wechselvolle 35-jährige Vergangenheit durchaus an. Fahrer und Beifahrer schienen aber – ihren Mienen nach zu urteilen – mit ihrem altgedienten Veteran noch durchaus zufrieden zu sein.

Das Flaggschiff des MAN-Programms der frühen 50er-Jahre war das erstmals 1951 vorgestellte neue 8-t-Schwerlastwagenmodell F 8. Unter dessen breiter, bullig-gedrungener Haube wirkte ein kraftvoller Achtzylinder-Diesel in V-Form mit 180 PS Motorleistung und 11.633 cm^3 Hubraum. Dieses grundsolide und sehr ausdauernde Fahrzeug konnte im Anhängerbetrieb bis zu 40 t Gesamtzuggewicht in Bewegung halten. Bis zum Inkrafttreten der mit Recht sehr umstrittenen Maß- und Gewichtsbestimmungen des damaligen Verkehrsministers Seebohm, blieb der F 8 der unumstrittene Star innerhalb der MAN-Flotte. Gebaut wurde der F 8 anschließend noch bis 1963 zumeist als Baustellenfahrzeug für den Solobetrieb, da das Fahrgestell mit bis zu 19 t Gesamtgewicht über ausreichende Reserven verfügte. Als ich im Oktober 1975 mein erstes bewusst geschossenes Lkw-Foto machte, gehörte der dabei „erlegte" F 8 mit an Sicherheit grenzender Wahrscheinlichkeit zu den allerletzten Fahrzeugen dieser Kategorie, die sich in der Bundesrepublik noch im regulären Fernverkehrseinsatz befanden. Der von dem engagierten wie rührigen Burscheider Fahrer Hubert Weise betreute Wagen wurde von der Leverkusener Spedition Braunegger noch bis 1985 – zuletzt allerdings nur noch im Nahverkehr – eingesetzt. Diese Rarität, die es in ihrem 30-jährigen Berufsleben auf weit über 2,5 Millionen Kilometer mit der fünften Maschine gebracht hatte, ging schließlich zu einem Sammler aufs Altenteil. Unten der etwas kleinere und gegenüber dem F 8 für das Fuhrgewerbe wirtschaftlichere, mit 155 PS nur unwesentlich schwächer dimensionierte Typ 758 L 1 mit ebenfalls 8 t Nutzlast. Das unten abgebildete 1954 gebaute Fahrzeug war früher im Fernverkehr tätig. Bis Ende der 80er-Jahre fand es als Abschleppkranwagen bei der MAN-Vertretung Augsburg Verwendung.

Feuerwehrfahrzeuge auf MAN-Fahrgestellen der 50er-Jahre zählten schon seit jeher zu den überaus seltenen Erscheinungen bei deutschen Wehren. Einzig und allein die Berufsfeuerwehr Nürnberg orderte, sozusagen als ihre Hausmarke, einen Teil ihrer Einsatzfahrzeuge von diesem Hersteller. So war es 1956 eine mechanische DL 30 m mit Metz-Aufbau auf MAN 630 L 1, die man dort in Dienst stellte. Dieses Modell besaß einen Sechszylinder-Diesel mit 130 PS und 8276 cm^3 Hubraum. Irgendwann in den späten 70er-Jahren wurde das Fahrzeug ausgemustert und als Arbeitsleiter von einem Artisten- und Zirkusbetrieb übernommen. Zwei Leiterteile des vierteiligen Satzes waren – da für die neue Aufgabe nicht benötigt – überzählig und wurden entfernt. 1987 konnte ich das mit Busradkappen in auffälligem Weiß lackierte Fahrzeug zufällig in Bad Steben fotografieren. Die Nürnberger Bauunternehmung Hans Rödl war über die Stadtgrenzen hinaus bekannt dafür, dass dort noch zahlreiche ältere Fahrzeuge eingesetzt wurden. Dazu gehörte auch der unten abgebildete, typmäßig mit der Drehleiter identische Wassertankwagen. Als ich den etwa 30 Jahre alten Wagen im Sommer 1985 auf einer Autobahnbaustelle fotografierte, hatte ihm der Zahn der Zeit schon arg zugesetzt.

Der Fünftonnen-Lkw MAN 515 L 1 war das kleinste Lastwagenmodell dieses Herstellers. Bei den ab 1953 eingeführten neuen Typenbezeichnungen gab die erste Ziffer Auskunft über die Nutzlast des Fahrzeugs. Die beiden folgenden Ziffern informierten über die PS-Leistung minus 100. Der mit einem 115 PS starken Sechszylinder-M-Motor mit 7983 cm³ Hubraum bestückte Lkw besaß die übliche, sehr kurz und gedrungen ausgeführte Motorhaube und wurde zwischen 1954 und 1956 gebaut. Auch diese Fahrzeuge waren zu Beginn der 80er-Jahre aus dem regulären Alltagsbetrieb schon seit geraumer Zeit verschwunden. Ein sehr schönes und gut gepflegtes Exemplar aus dem Jahr 1956, das oben zu sehen ist, konnte ich im August 1985 bei ei-

nem Kfz-Betrieb in Schlieren in der nördlichen Schweiz fotografieren. Der offenbar nur noch für den internen Verschub benutzte Abschleppkranwagen besaß ein großes Belastungsgewicht aus Beton auf dem kurzen Pritschenanbau. Die in der Mitte abgebildete, ebenfalls gut unterhaltene Schaustellerzugmaschine des Typs MAN 745 L 1 aus Neumünster erwischte ich im Frühjahr 1988 in Flensburg. Mit 145 PS verfügte dieses 1956 gebaute, mit Trilexfelgen und kurzer Pritsche ausgerüstete Fahrzeug über ansehnliche Leistungsreserven. Ein alter Kämpe war der 1952 gebaute MK 25-Abschleppwagen auf dem Bild unten. Das mit einem 3-t-Bilstein-Kran aus der Kriegszeit ausgerüstete Fahrzeug stand im Juli 1984 noch in Marktredwitz im Einsatz. Drei Jahre später fand ich ihn abgestellt in einer Ecke.

Etwa ab 1956 fertigte MAN auch die ersten Lastwagen in Frontlenker-Bauweise. Dabei verwendete man Fahrgestelle der Haubenwagen, sodass der Motor unübersehbar in die Mitte der Fahrerkabine positioniert werden musste. Durch das vorgerückte Fahrerhaus wurde aber eine deutlich größere Pritschenlänge erreicht. Auch diese frühen, mit 120 und 145 PS Motorleistung offenbar auch nur in kleinen Stückzahlen gebauten Frontlenker sah man im Straßenbild praktisch nicht mehr; einem kleinen Zirkusunternehmen aber leistete ein solches auf Zugmaschinenlänge verkürztes Fahrzeug (Bild oben) im August 1980 noch gute Dienste. Erst mit den in Insiderkreisen unter dem Spitznamen „Pausbacke" bekannt gewordenen, ungemein kraftvoll und bullig wirkenden Frontlenkern gelangte die MAN auch in diesem Bereich zu größeren Stückzahlen. Die Serienfertigung dieser neuen Generation begann 1960 und währte – leistungsmäßig oft verändert und aktualisiert – bis zum Jahr 1967. Ein Nürnberger Schausteller konnte sich im Juni 1982 noch an der Einsatzbereitschaft seiner 1965 gebauten 15.212-Zugmaschine erfreuen. Den Antrieb des auf dem mittleren Bild gezeigten Fahrzeugs besorgte ein Sechszylinder-Direkteinspritz-Diesel mit 212 PS. Über die gleiche Motorleistung verfügte auch das Dreiachs-Frontlenkermodell 15.212 DF, das in der Sondervariante TM als Fahrgestell für Betonmischeraufbauten angeboten wurde. Ein solches Fahrzeug war noch Anfang November 1984 in Berlin zu sehen.

Bereits auf das Jahr 1962 ging der Bau des oben abgebildeten MAN 10.210 THS zurück. Es war eine ehemalige Dreiachs-Sattelzugmaschine mit Nachlaufachse, die zu einem Kranwagen umgerüstet wurde. Zumindest noch im Frühjahr 1986 harrte dieses in einem Gewerbegebiet im Düsseldorfer Süden fotografierte schwere Fahrzeug neuer Aufgaben, die allerdings nur noch sehr selten vorkamen. Irgendwann war der Platz, an dem es immer stand, leer. Am 12. August 1984 bereits eine große Rarität war dieser ebenfalls mit einem Nachläufer ausgerüstete MAN 15.215 DF-Dreiachser mit doppeltbereiftem Zweiachsanhänger, der, einem Hinweis zufolge, sonntags immer auf der Straße „Am Sandtorquai" im Hamburger Hafen abgestellt, auf den kommenden Montag warten sollte. Dieser damals 18 Jahre alte, von einer Spedition und Kaffee-Lagerei eingesetzte Lkw stand noch mit allen Achsen im Berufsleben. Für ein solch gut erhaltenes Exemplar nahm ich schon mal gerne auch größere Umwege in Kauf.

Im Jahr 1955 begann die MAN mit der Vorstellung des ersten neu gestalteten Lastwagens mit Pontonfahrerhaus. Gleichzeitig war das der Einsteig in die mittelschwere Nutzlastklasse. Diese Bauweise wurde im Laufe der Zeit auch auf die schwereren Fahrzeuge des Typenprogramms übertragen. Zu Beginn der 60er-Jahre war diese Maßnahme abgeschlossen, sodass neben den Frontlenkern sich auch die Haubenfahrzeuge dieses Herstellers in einheitlichem Bild präsentierten. Die MAN-Hauber dieser Generation waren überaus langlebig, denn sie blieben besonders für den Export- oder den schweren Baustellenverkehr teilweise noch bis in die 80er-Jahre in Produktion. Aus dem Jahr 1965 stammte der oben abgebildete MAN 13.212 H mit aufgebautem Teerkocher. Das gut instand gehaltene Fahrzeug begegnete mir im August 1984 auf einem Streifzug durch das Düsseldorfer Hafengelände. Der allradgetriebene Kipper MAN 13.230 H von 1968, der in der Mitte zu sehen ist, stand ein Jahr später in Horrem am Straßenrand geparkt. An dem unten gezeigten MAN 15.240 H aus dem Jahr 1973 konnte ich 1987 nicht vorbeigehen, ohne ein Foto zu machen, zumal er gerade günstig auf dem Hof eines Speditionsbetriebes abgestellt war.

Ab 1958 trat die MAN als Lieferant von Fünftonnen-Lkw an die Bundeswehr und andere NATO-Streitkräfte hervor. Es war das mit einem 130 PS starker Vielstoffmotor ausgerüstete Allradmodell 630 L 2 A, das – in sehr großen Stückzahlen gebaut – sich als LKW 5 t gl, wie es amtsintern bezeichnet wurde, ausgezeichnet bewährte. Nach der Ableistung des Militärdienstes ging so manches Exemplar an zivile Verwender, so wie das auf der Abbildung oben vorgestellte Fahrzeug. Der im Jahr 1987 bei der Bauunternehmung Heinrich Gietmann in Rheinberg eingesetzte Pritschenwagen besaß einen Tankaufbau, mit dessen Inhalt die Baumaschinen mit Kraftstoff versorgt wurden. Das mittelschwere Frontlenker-Modell 626 F wurde zwischen 1965 und 1967 gebaut. Ein solches Fahrzeug – es stammt aus seinem letzten Fertigungsjahr – setzte die Spedition Braunegger aus Leverkusen im Jahr 1982 noch im Nahverkehr ein. Das Fahrzeug unten, ein MAN 415 L 1 mit Kässbohrer-Sattelauflieger, begegnete mir im Oktober 1980 in Gmünd im Waldviertel. Dieses Spezialfahrzeug war eine fahrbare Eichanlage des Eichamtes in Wien.

Opel

Den Namen Opel umgibt selbst noch heute der Nimbus für zuverlässige und robuste Lastkraftwagen. Unvergessen ist die einprägsame und im Jahr 1931 mit Hilfe eines Preisausschreibens ausgewählte Bezeichnung „Blitz" für die seinerzeit gebauten Nutzfahrzeuge dieses Herstellers. Der uneingeschränkt gute Ruf gründete sich in erster Linie auf den ab 1936 gefertigten Opel Blitz-Dreitonner, den es sowohl als Standard-Lkw mit Hinterradantrieb als auch in einer allradgetriebenen Ausführung gab. Angetrieben wurde dieser von einem Sechszylinder-Vergasermotor mit 3626 cm³ Hubraum und 68 PS. Dieses Modell stellte alle damaligen Konkurrenten in seiner Gewichtsklasse in den Schatten und wurde – obwohl ursprünglich gar nicht für diesen Zweck konstruiert – zum meistgebauten deutschen Militärlastwagen während des Zweiten Weltkrieges. Zahlreich waren die 1945 unfreiwillig aus dem Militärdienst entlassenen Fahrzeuge, ohne die der Wiederaufbau des zerstörten Landes sicherlich um manches schwerer geworden wäre. Freilich – zu Beginn der 80er-Jahre liefen nur noch wenige Exemplare bei Feuerwehren. Als „richtige" Lastwagen waren sie praktisch verschwunden. Mit etwas Glück fand man sie aber hin und wieder noch abgestellt. So auch dieser im Juli 1982 in Norwegen nördlich des Polarkreises fotografierte Opel-Blitz S-Pritschenwagen mit Hinterradantrieb. Er rostete auf einer Wiese abseits der zum Nordkap führenden Europastraße E 6 vor sich hin. Dabei scheinen die recht neu wirkenden Scheinwerfer erst vor nicht allzu langer Zeit montiert worden zu sein. Was mag wohl aus ihm geworden sein?

Ein Refugium für Vorkriegslastwagen waren noch zum Ende der 70er-Jahre die frühere DDR und der Berliner Ostsektor. Obwohl auch ihre Zahl sehr stark zurückgegangen war und es sich nur noch um relativ wenige, über die ganze Republik verstreute Fahrzeuge handelte. Aber zumindest mit etwas Glück, sichtete man den einen oder anderen Wagen – und nicht nur der Marke Opel – auf der Straße. So erging es mir an einem frostig-kalten Februartag des Jahres 1979, als im Stadtbezirk Prenzlauer Berg im Norden Berlins dieser bereits 1936 gebaute Opel-Blitz-2,5-Tonner – der sozusagen zu den unmittelbaren Vorläufern des berühmten Dreitonners zählte – völlig unvermutet vor mir auftauchte. Eine wattierte Kältedecke bewahrte den Motor dieses Bierwagens vor zu starker Unterkühlung. In den Nachkriegsjahren ist der Lkw umgebaut worden, denn das Fahrerhaus stammt unverkennbar von einem Robur Garant 30 K aus DDR-Fertigung. Zu meinen weiteren Begegnungen mit „Blitz"-Lastwagen zählte auch der im Juli 1981 in Leipzig fotografierte, 1944 gebaute Wagen (Bild Mitte), der – wegen des fehlenden Kühleremblems – offenbar als Typ L 701 von Daimler-Benz in Lizenz gefertigt wurde. Der freundliche Fahrer des in der Mitte abgebildeten Wagens sprach von einer Laufleistung von 400.000 Kilometern, die dieser nicht mehr ganz taufrische Laster mindestens auf dem Buckel hätte. Bereits bei einem Sammler in Harsewinkel angelangt war der unten gezeigte Opel-Blitz-Dreitonner aus dem Jahr 1939. Er lief lange Zeit im Bezirk Halle, bevor er der drohenden Verschrottung in westliche Richtung entfliehen konnte.

Vom selben Vorbesitzer stammt auch diese auf dem Bild rechts oben gezeigte Sattelzugmaschine Opel-Blitz 3 t, die 1939 im Werk Brandenburg/Havel hergestellt wurde. Dagegen wurde der in Holz-Gemischtbauweise ausgebildete Möbelauflieger im Jahr 1937 von einem Bremer Betrieb hergestellt. Dieses einzigartige Fahrzeug befand sich noch in dem Zustand, in dem es zuletzt im Einsatz gelaufen war. Durch eine Verkaufsanzeige auf sie aufmerksam geworden, konnte ich beide Fahrzeuge nach Terminvereinbarung im Sommer 1998 fotografieren. Als Arbeitsleiter für interne Aufgaben verwendet wurde die aus der Daimler-Benz-Lizenzproduktion stammende mechanische Metz-Drehleiter DL 17 m. Diesen schon sehr heruntergekommenen, aber wohl noch einsatzfähigen Wagen des Typs L 701 fotografierte ich im Februar 1980 auf dem Gelände der Trabrennbahn in Neersen bei Mönchengladbach. Nach dem Krieg wurde Opel nur noch auf dem Sektor der leichten Lastkraftwagen aktiv, da die für den Bau des Dreitonners erforderlichen Produktionsanlagen in der damaligen Sowjetischen Besatzungszone lagen und entweder zerstört waren oder demontiert wurden. Daher nahm das Werk Rüsselsheim ab 1946 den Bau des Opel-Blitz 1,5 t – des kleineren Bruders des Dreitonners – nahezu unverändert wieder auf. In der Phase des Wiederaufbaus gehörte dieser sehr spritzige und wendige kleine Lkw zu den besonders beliebten Fahrzeugen. Der ganz unten abgebildete, 1948 gebaute Kipper wurde im November 1981, als diese Aufnahme entstand, noch täglich eingesetzt. Entsprechend tadellos war sein Erhaltungszustand. Sein Dortmunder Besitzer gehörte noch zu jener alten Garde von Fahrern, die sich von ihren treuen Weggefährten nur schwer trennen konnten.

Das Nachfolgemodell des 1,5-Tonners war der erstmals 1952 vorgestellte und in der damals aktuellen Stilrichtung ausgeführte Typ Opel-Blitz 1,75 t. Er basierte in technischer Hinsicht im Wesentlichen auf dem Vormodell. Zu den Verbesserungen gehörte die leicht angehobene Leistung des weiterhin mit einem Benzinmotor ausgerüsteten Fahrzeugs. Dieses bis Anfang 1960 in sehr beachtlichen Stückzahlen gebaute Fahrzeug war das letzte richtige Erfolgsmodell, das Opel auf dem Nutzfahrzeugmarkt anbot. Denn immer stärker wurde der Ruf der Kundschaft nach einem Dieselmotor, den Opel damals nicht anbieten konnte. Oben ist ein 1959 gebauter Kipper zu sehen, den ich im November 1979 in der Nähe von Steyr/Österreich aufstöberte. Als ich das Objektiv meiner Kamera auf den Wagen richtete, hatte er sich aus dem Straßenverkehr bereits verabschiedet. Der unten abgebildete, im Jahr 1989 in Neukichen-Vluyn bei Krefeld fotografierte Opel-Blitz-Abschleppwagen war zwar mit Sicherheit nicht rund um die Uhr ausgelastet, wurde aber immerhin noch gebraucht.

Der Opel-Blitz 1,75 t wurde entsprechend seiner Gewichtsklasse in nahezu allen Bereichen verwendet. Ein gut gepflegter Pritschenwagen mit aufgesetztem Heizöltank (Bild oben) befand sich im Juli 1983 bei der Spedition Baumann in Hausach/Schwarzwald im Einsatz. Der in einer auffälligen und trotzdem ansprechenden rot-gelben Lackierung ausgeführte Lkw wurde 1957 gebaut. Einen bereits 1954 gebauten Kipper – mittlere Abbildung – entdeckte ich im Juni 1987 bei der Durchfahrt einer kleinen Ortschaft im Raum Fulda. Der kleine Lkw – als ich ihn fotografierte war er immerhin schon 33 Jahre alt – machte zwar einen keineswegs neuen Eindruck, er wurde aber noch ab und zu eingesetzt. Zu meinen ältesten eigenen Lkw-Aufnahmen zählt das Fahrzeug unten, ein im Laufe der Jahre sichtlich ergrauter Opel-Blitz, ausgerüstet mit Plane und Spriegeln. Nachdem ich auf meinem Weg zur Arbeitsstelle zum wiederholten Male achtlos an ihm vorübergegangen war, reifte immer mehr der Entschluss, dass ein Foto vielleicht nicht schaden könnte. So entstand dieses Bild im Juli 1978.

Oben ist ein Opel-Blitz mit kurzem 3,30-m-Radstand als Kohlenkipper mit hoher Ladebordwand zu sehen, der im Mai 1983 bei einem Fuhrunternehmer aus Herne noch im Einsatz stand. Dieser hatte sein Fahrzeug schon rechtzeitig zum telefonisch vereinbarten Fototermin „vor die Tür" gefahren. In der Mitte ein Blitz von 1958 als Baustellenkipper, fotografiert bei Bruchhausen/Niedersachsen im Juni 1984. Unten ein 1955 gebauter, ebenfalls mit dem 62-PS-Sechszylinder-Vergasermotor ausgerüsteter Kipper eines Linzer Kohlenhändlers. Dieser Betrieb hatte neben diesem Fahrzeug Ende Juli 1982 noch zwei Mercedes-Benz LK 312-Oldtimer im Einsatz. Arg ramponiert und von einem harten Arbeitsleben gezeichnet waren diese Fahrzeuge schon, aber alle hatte die notwendige TÜV-Plakette und waren voll funktionsfähig. Wenn man den Aussagen seines Besitzers glauben darf, hatte dieser Kipper bereits 800.000 Kilometer zurückgelegt – und das mit der ersten Maschine!

Robur

Von den ehemaligen, später in VEB IFA-Werk Phänomen umbenannten Phänomenwerken in Zittau/Sachsen wurde ab 1948 das bereits während des Krieges gebaute 1,5-t-Modell Granit 27 nahezu unverändert weitergebaut. Dieser leichte Lkw konnte ab 1951 auch mit einem neuentwickelten luftgekühlten Dieselmotor bezogen werden. Ab 1955 ging das im Aussehen aktualisierte und leistungsgesteigerte Modell Granit 30 K mit nunmehr 2,5 t Nutzlast in Serie. Seit dem 1. Juli 1956 erfolgte die Umbenennung dieses entweder mit einem Vierzylinder-60-PS-Benzin- oder 52-PS-Dieselmotor ausgerüsteten Lastkraftwagens in Robur Garant 30 K. Die Fabrikation dieser Modellreihe lief bis zum Jahr 1960, als sie durch die Frontlenker der Reihe „LO" mit dem fischmaulförmigen Kühlergitter abgelöst wurde. Im Wirtschaftsleben der DDR spielten diese Fahrzeuge eine große Rolle und dementsprechend häufig war deren Verbreitung auch noch in den späteren 70er-Jahren. Diesen noch ganz passablen Robur Garant 30 K unbekannten Baujahrs mit Kofferaufbau erwischte ich im Februar 1979 im Berliner Ostsektor. Zum Glück waren die Fotoauflagen zu dieser Zeit im Arbeiter- und Bauernstaat schon sehr gelockert worden. Trotzdem war es geboten, bei der Aufnahmetätigkeit eine gewisse Vorsicht walten zu lassen und vor allem nicht zu sehr aufzufallen.

Den Robur Garant 30 K gab es zwar am häufigsten als Pritschenwagen oder Kipper, die Bandbreite der lieferbaren Aufbauten reichte aber über Kasten- und Kofferwagen bis hin zu Omnibussen und Kommunalfahrzeugen. Als ich die Fahrzeuge damals fotografierte, waren sie durchweg mindestens 20 Jahre alt oder älter. Ihr Erhaltungszustand erstreckte sich von gut und gepflegt bis zur besseren Rostlaube – und das in allen Nuancen. Dabei waren jene Exemplare, denen offenbar nur noch wenig äußere Pflege zuteil wurde, eindeutig in der Überzahl. Eine Ausnahme bildete der oben gezeigte ehemalige Militär-Lkw, der sich früher vermutlich bei den Streitkräften der NVA (Nationale Volksarmee) im Dienst befunden hatte. Das einfach bereifte Fahrzeug besaß die für diesen Verwendungszweck obligatorische Einweiser-Luke. Das Bild entstand im Juli 1981 in Karl-Marx-Stadt, das heute wieder Chemnitz heißt. Im gleichen Monat begegnete mir im Bezirk Dresden dieses auf dem mittleren Bild gezeigte, 1956 gebaute Entstörfahrzeug mit Kofferaufbau, das schon einen wesentlich schlechteren Eindruck hinterlässt. Dies trifft auch auf die Ende Februar 1979 im Ostsektor Berlins fotografierten Kohlen-Lkw zu, die zur Winterzeit rund um die Uhr im Einsatz sein mussten, um die noch überwiegend mit festen Brennstoffen zu beheizenden Wohnungen mit genügend Nachschub zu versorgen.

Kleintransporter

Eine große Rolle im Nachkriegsdeutschland spielte eine völlig neue Fahrzeugkategorie, die Transporter. Der bekannteste Anbieter war zweifellos das Volkswagenwerk in Wolfsburg, aber auch eine ganze Reihe mehr oder minder bekannter Hersteller widmete sich dieser Fahrzeuggattung. 1953 brachte das Tempo-Werk in Hamburg-Harburg den neuen 0,75 Tonner „Wiking" heraus, ein mit einem wassergekühlten 460-cm³-Zweizylinder-Zweitaktmotor von Heinkel ausgerüsteter Frontantriebswagen. Das wassergekühlte 17-PS-Aggregat konnte dieses kleine Fahrzeug auf maximal 70 bis 80 km/h beschleunigen. Als ich Ende der 80er-Jahre den Düsseldorfer Südring befuhr, meinte ich meinen Augen nicht zu trauen, als ich in der Gegenrichtung einen in Fahrt befindlichen Pritschenwagen dieses Modells erkannte. Leider war eine Verfolgung – infolge nicht vorhandener Wendemöglichkeit – ausgeschlossen. Umso mehr freute ich mich, als ich einige Monate später diesen Wagen im Stadtteil Eller am Straßenrand stehen sah. Welche Gründe für den Besitzer maßgebend waren, diesen damals mindestens 35 Jahre alten Veteranen noch in Betrieb zu halten, konnte ich leider nicht ermitteln. Unten zu sehen ist der berühmte VW Typ 2, genannt „Bulli", hier als gut gepflegter Kastenwagen aus dem Jahr 1964 mit luftgekühltem 34-PS-Boxermotor.

Diese Buchseite soll einigen in der ehemaligen DDR fotografierten Fahrzeugen dieser Fahrzeugklasse gewidmet sein. Die Framo-Werke GmbH in Hainichen/Sachsen und späteren VEB Barkas-Werke fertigten zwischen 1950 und 1961 einen Kleintransporter für 750 kg Nutzlast. Aus der letzten Bauserie stammt der oben abgebildete gut gepflegte Kleinlastwagen V 901, der mir im August 1979 in einer Ortschaft nördlich von Dresden begegnete. Das Fahrzeug besaß einen Dreizylinder-Zweitaktmotor mit 28 PS und 900 cm³ Hubraum. Unten ein im Juli 1981 bei einer Tischlerei im Bezirk Bautzen noch im Einsatz befindliches Tempo-Dreirad E 400 aus dem Jahr 1935. Während sich dieses Fahrzeug noch in einem recht annehmbaren Gebrauchszustand befand, kann man den in der Mitte gezeigten DKW F 89-Kastenwagen mit gutem Gewissen als Schrott bezeichnen. Dieser total durchgerostete Zweitakter stand im Juli 1981 irgendwo in Leipzig und war mir in jedem Fall ein Foto wert.

Exoten

Zum Ende dieses Buches seien einige im Ausland fotografierte Fahrzeuge vorgestellt, die auf deutschen Straßen in jedem Fall zu den Exoten zählen. Manche davon konnte man fast ausschließlich in ihren Herstellerländern antreffen. In unserem Nachbarland Österreich in seiner Verbreitung dem Mercedes-Benz L 3500 ähnlich, waren die sehr soliden Lastkraftwagen der Marke Steyr. Diese für Exportzwecke noch bis weit in die 70er-Jahre gebauten Hauber gehörten auch Mitte der Achtziger zu den Alltäglichkeiten des Straßenverkehrs – und das in nahezu allen Varianten. Ein hoch mit Kohlen beladener Kipper stand im Mai 1984 auf einer Fahrzeugwaage vor dem Feuerwehrgerätehaus in Aspang am Wechsel. Ob dieser 1959 gebaute, mit einem 90-PS-Vierzylinder-Diesel ausgerüstete Steyr 380 sein zulässiges Gesamtgewicht wohl eingehalten hat? Die mit den deutschen MAN-Werken vereinigte Firma ÖAF (Österreichische Automobilfabrik AG, Wien) war ein weiterer sehr bedeutender österreichischer Lkw-Hersteller. Besonders die schweren Lastwagen dieses Anbieters waren sehr verbreitet. Da die eindrucksvollen Fahrzeuge mit ihren kurzen, gedrungenen Motorhauben recht lange gebaut wurden, waren sie auch noch recht häufig zu sehen. Hier ein im Oktober 1980 im Waldviertel fotografierter 16-186-Baustellenkipper, der sich in gutem Erhaltungszustand befand (oben).

Ein Steyr 480 z-Lkw als Kohlentransporter mit beträchtlich erhöhten Ladebordwänden aus dem Jahr 1959 (Bild oben), begegnete mir im März 1985 in der Nähe des Bahnhofs St. Valentin. Es war die Modellvariante mit der erhöhten Nutzlast von 6 t. Das markanteste Merkmal, worin sich der Typ 480 von den übrigen Haubenmodellen dieses Herstellers unterschied, waren die in den Kotflügeln integrierten Scheinwerfer. Unter der abgerundeten Haube arbeitete ein Vierzylinder-Diesel mit 95 PS und 5322 cm³ Hubraum. Ein Jahr zuvor fotografierte ich auf dem Betriebshof der Stadtgemeinde Baden bei Wien den in der Mitte abgebildeten Beleuchtungswagen mit Ruthmann-Steiger aus dem Jahr 1964. Hier gelangte ein Steyr 480-Chassis mit 5 t Nutzlast zur Verwendung. Unten ein im April 1984 auf einer Steigung „erlegter“ allradgetriebener Kipper vom Typ Steyr 586 z aus dem Jahr 1969. Im Gegensatz zum Modell 480 verfügte dieses bei der niederösterreichischen Gemeinde Mauerbach in Lohn und Brot stehende Fahrzeug über einen Sechszylinder-Vorkammer-Diesel mit 120 PS und 5975 cm³ Hubraum. Das mit einer Ansatzplatte für einen Schneepflug bestückte Fahrzeug konnte ich überholen, anhalten und fotografieren.

Allem Fortschritt zum Trotz war die Schweiz schon immer ein Eldorado für ältere Nutzfahrzeuge, die sich im Allgemeinen durch einen vorzüglichen Pflegezustand auszeichneten. Ganz im Gegensatz zu vielen anderen Ländern war es hier nicht ungewöhnlich, dass sich in den Fuhrparks mancher Betriebe neben den allerneuesten Typen auch noch Einsatzfahrzeuge befanden, die man bei uns wegen Überalterung längst ausgemustert hätte. Häufig kam dies bei Brauereien vor, wobei die Werbewirksamkeit der alten Modelle sicher auch eine Rolle gespielt haben dürfte. Ein weiterer Grund dafür mag in dem besonderen Traditionsbewusstsein dieses Landes zu suchen sein. Über die im Verhältnis zur Landesgröße weit entwickelte Nutzfahrzeugindustrie ist zu sagen, dass die außerordentlich gute Qualität der gefertigten Produkte weit über die Grenzen bekannt war. Zu den bei größeren Stützpunktfeuerwehren stationierten Katastrophenhilfeeinheiten zählten im Jahr 1985 die auf dieser Seite abgebildeten, weit über 40 Jahre alten Berna-Lastwagen. Beide gehören zum mittelschweren Typ 2 UL 242 R 1, der bei 8,1 t zulässigem Gesamtgewicht 3,5 t Nutzlast befördern konnte. Die Motorleistung betrug 65 PS. Während das 1941 gebaute Fahrzeug oben in Luzern stationiert war, war der Wagen von 1943 darunter in Lenzburg beheimatet.

Die zweite große Schweizer Lastwagenmarke war die Adclph Saurer AG in Arbon. Wie alle anderen Nutzfahrzeughersteller dieses Landes verlor das Unternehmen seine Selbständigkeit und wurde 1982 an Daimler-Benz verkauft. Die klassischen Saurer-Haubenwagen traf man Mitte der 80er-Jahre auf den Straßen dieses Landes noch relativ häufig an. Ein noch gut erhaltenes, abgestelltes Exemplar war der auf dem Bild oben gezeigte Saurer V 2 C von 1955. Der nicht zuletzt durch seine Trilexräder sehr kraftvoll und bullig wirkende Lastkraftwagen mit Plane und Spriegeln besaß einen 125-PS-Sechszylinde‘-Diesel mit 8720 cm^3 Hubraum und stand auf einem Industriegelände im südlichen Teil der Schweiz.

Der Berna 1 UH 142 R 2-Lkw aus dem Jahr 1957 hingegen schien noch für den Straßenverkehr angemeldet zu sein. Das ganz in der Nähe fotografierte Fahrzeug mit 4 t Nutzlast besaß einen 80-PS-Dieselmotor und brachte 8,7 t zulässiges Gesamtgewicht auf die Waage. Unten ein weiterer, 1980 noch in Betrieb befindlicher grauer Saurer-Saurier aus dem Jahr 1952, der mit seinem 28-jährigen Lebensalter zweifelsohne auch schon zu den Veteranen gezählt werden konnte. Die Mühlen AG in Interlaken gehörte zu jenen Unternehmen, die sowohl neue als auch ältere Lkw-Modelle einsetzte. Unter der Haube des S 4 C-Lastwagens arbeitete ein Sechszylinder-Direkteinspritz-Diesel des Typs CT 1 D mit 100 PS Motorleistung und 7985 cm^3 Hubvolumen.

Für den internen Werksverkehr im Saurer-Werk Arbon durfte sich dieser 31 Jahre alte Saurer 2 C-Kipper im Sommer 1985 noch nützlich machen. Der von dem 120 PS starken Sechszylinder-Dieselmotor CT 4 D mit 5800 cm³ Hubraum angetriebene Lastwagen wies ein zulässiges Gesamtgewicht von 9,9 t auf. Wie viele Lastkraftwagen dieser Jahrgänge besaß er eine nach vorn ausstellbare Frontscheibe, die für eine gute Belüftung der Fahrerkabine bei sommerlichen Temperaturen sorgte. In der Mitte wird ein im Jahr 1957 gebautes Fahrzeug der Straßeninspektion Schaffhausen gezeigt. Dieser Berna-Lkw vom Typ 2 US 242 T 4 K war ein Kipper mit 98-PS-Sechszylinder-Dieselmotor. Der dritte große Schweizer Lkw-Hersteller war die in Wetzikon ansässige Firma FBW (Franz Brozincevic) & Co, die 1982 ebenfalls im Daimler-Benz-Konzern aufging. Zwei „wie aus dem Ei gepellte“ Milchtransporter des Typs L 40 setzte die Toni-Molkerei Zürich neben den üblichen modernen Fahrzeugen auch 1985 noch ein. Das von einem 105-PS-Sechszylinder-Diesel angetriebene, unten abgebildete Fahrzeug stammte von 1951, der zweite Wagen war sogar noch zwei Jahre älter.

Gegen Ende der 50er-Jahre gingen auch die Schweizer Lkw-Hersteller verstärkt zum Bau von Frontlenkern über, obwohl die klassische Haubenbauform weiterhin im Programm blieb. Letztere waren beispielsweise für die Baubranche als Solofahrzeuge sehr bedeutsam. Oben ist ein gut gepflegter, trotz seines Alters von 27 Jahren chromblitzender Saurer-Frontlenker des Typs SV 2 C zu sehen. Der 1958 gebaute, rechtsgelenkte Schlammsaug- und Sprengwagen wurde vom Tiefbauamt der Stadt Bern eingesetzt. Einen ähnlich guten Eindruck hinterlässt der Anblick dieses zwei Jahre jüngeren typgleichen Bierwagens der Brauerei Eichhof in Luzern auf dem mittleren Bild, der im Sommer 1985 an der Rampe beladen wurde. Die Frontlenker der C-Baureihe von Saurer besaßen Sechszylinder-Dieselmotoren mit 100 PS Leistung. Der unten abgebildete Mowag-Lkw ist eine Rarität besonderer Art. Dieses gewaltige Fahrzeug mit seinen zwei gelenkten, trilexbestückten Vorderachsen war ein nicht in Serie gegangener Prototyp von 1971. Er verfügte über einen Zweitakt-Turbodiesel, aus dessen Hubraum von 10.800 cm^3 sage und schreibe 550 PS herausgeholt wurden. Auch hinsichtlich seiner Gewichte gehörte er zumindest zu Zeiten seiner Erstellung einwandfrei zur Superlative. Die entsprechenden Daten lauteten: 13 t Eigengewicht, 15 t Nutzlast sowie 28 t zulässiges Gesamtgewicht. Das beim Mowag-Werk in Kreuzlingen hinterstellte Fahrzeug war bei meinem Werksbesuch zum Glück fahrbereit und wurde in eine einwandfreie Fotoposition rangiert.

Die als Berna und Saurer-Gemeinschaftsproduktion bis Ende der 60er-Jahre in ansehnlichen Stückzahlen gebauten Haubenlastwagen der 5 D-Reihe konnte man, da noch nicht übermäßig alt, auch Mitte der 80er-Jahre noch recht häufig im Einsatz antreffen. Es waren sehr formschöne, in der Regel mit einer verchromten Kühlermaske ausgeführte Fahrzeuge, die in der seit 1962 lieferbaren Allradausführung vor allem als Baustellenkipper sehr geschätzt waren. Oben ein zum Zeitpunkt der Aufnahme immerhin schon 17 Jahre alter hinterradgetriebener Saurer 5 D-Kipper in einem hervorragenden Pflegezustand. Der im Bezirk Bern angehaltene und vor schöner Kulisse fotografierte Lkw besaß ein Achtganggetriebe und einen Sechszylinder-Diesel mit Turbolader und 210 PS. Das Pendant dazu von Berna – ein 5 DM-Allradkipper mit 8 t Nutzlast, Baujahr 1966 – ist unten zu sehen. Sein Sechszylinder-Diesel mit 10.300 cm^3 Hubraum leistete 160 PS bei 2000 U/min. Charakteristisch für diese Haubenreihe waren die kleinen, ausstellbaren Motorlüftungsklappen, die infolge der sommerlichen Temperaturen geöffnet waren.

Auch die frühere DDR war in Sachen ältere Lastwagen aus anderen Ostblockstaaten noch für manche Überraschungen gut. Allerdings wurden die Lastwagen der 50er-Jahre auch hier schon recht selten. Daher war der im August 1979 in Neudorf/Erzgebirge beim Beladen fotografierte tschechische Skoda 706 R schon eine echte Rarität. Dieser 1955 gebaute Lkw mit seinen vorderen Trilexfelgen war mit einem 160 PS starken Sechszylinder-Diesel mit 11.781 cm³ Hubraum ausgerüstet. Wesentlich häufiger, allerdings auch in größeren Stückzahlen vorhanden, war der sowjetrussische KrAS 214 (6 x 6)-Schwerlastwagen, der als Lkw und Zugmaschine eingesetzt wurde. Der in den Krementschuger Automobilwerken seit 1956 gebaute eindrucksvolle Dreiachser verfügte über einen Sechszylinder-Diesel-Reihenmotor mit 180 PS und 8300 cm³ Hubraum. Es war der schwerste russische Lkw der Fünfziger und wurden nicht nur in der Bauwirtschaft, sondern auch bei den Streitkräften für den Materialtransport, als Autobagger oder -kran, als Trägerfahrzeug für Raketenwerfer oder als Artilleriezugmaschine verwendet. Mit 55 km/h Höchstgeschwindigkeit war er zwar nicht der Schnellste, dafür aber in den Disziplinen Ausdauer und Robustheit durchaus als rekordverdächtig zu betrachten. Diese im November 1984 an einer in nördliche Richtung führenden Ausfallstraße im Berliner Ostsektor fotografierte, 1962 gebaute Zugmaschine mit Tieflader (Bild unten) wurde vom VEB Straßen- und Brücken-Tiefbaukombinat in Gera eingesetzt.

Die schwedischen Lkw-Hersteller Scania-Vabis und Volvo hatten auch in Deutschland einen ausgezeichneten Ruf. In den Benelux-Staaten waren diese Fabrikate schon vor 25 Jahren weitaus stärker als in unserem Land verbreitet. Und das nicht ohne Grund, denn in qualitativer Hinsicht galten die Schweden als vorbildlich. Eines Scania L 111 konnte man seinerzeit aber auch in Deutschland schon häufiger ansichtig werden. Unten ist ein 1963 gebauter Pritschenwagen mit 18 t zulässigem Gesamtgewicht zu sehen, der mir im Juli 1984 in der belgischen Grenzregion bei Eupen begegnete. Das obere Bild, entstanden im Juli 1980 an den Ufern eines Fjords in Norwegen nördlich des Polarkreises, war ein schwerer Dreiachstankwagen des Typs Volvo N 88 mit 25,8 t zulässigem Gesamtgewicht. Dieses zwischen 1965 und 1973 produzierte Modell verfügte über einen Turbodieselmotor mit 9600 cm^3 Hubraum. In der Mitte ein gut instand gehaltener Volvo N 88-Kipper aus dem Jahre 1970, fotografiert im Sommer 1985 südlich von Bern.

Manche im Zivilbereich eingesetzten Nutzfahrzeuge hatten eine militärische Vergangenheit. So wie der unten links gezeigte Dodge T 214 (6 x 6)-1,5-t-Dreiachser WC 52 aus US-amerikanischen Armeebeständen. Das Fahrzeug hatte einen nachträglichen Pritschenaufbau erhalten und diente noch im Sommer 1985 in der südlichen Schweiz als Schneepflug. Unten rechts ein in seinerzeit riesigen Stückzahlen für die Alliierten Streitkräfte gefertigter GMC CCKW 353 (6 x 4) 2,5-t-Militärlastwagen, den man besonders in Belgien selbst noch in den 80er-Jahren des öfteren als Feuerwehrfahrzeug antreffen konnte. Angetrieben wurden diese robusten Fahrzeuge von einem entsprechend durstigen Sechszylinder-Benzinmotor mit 105 PS Leistung. Deshalb wurde viele der später in Europa einer zivilen Verwendung zugeführten Wagen auf wirtschaftlichere Dieselmotoren umgerüstet. Dieser in Theux beheimatete Dreiachser stand im August 1979 als Abschleppkranwagen mit Seilwinde an der Rennstrecke Spa-Francorchamps, um im Fall der Fälle Hilfe leisten zu können. Der oben abgebildete schwere Kranwagen sieht auf den ersten Blick aus wie ein Büssing-Modell – aber der Schein trügt. Denn die lange Motorabdeckung ist wohl so ziemlich das einzige von diesem Lkw-Hersteller stammende Bauteil. In Wirklichkeit verbirgt sich ein amerikanischer REO-Abschleppwagen (Wrecker) mit 10-t-Krananlage aus dem Jahre 1944 unter dieser Verkleidung. Auch der Motor war nicht mehr original – es war ein Vorkammer-Dieseltriebwerk von Daimler-Benz mit 185 PS Leistung und 10.735 cm³ Hubraum. Dieses skurrile Unikat wurde noch in der zweiten Hälfte der 80er-Jahre von einem Abschleppbetrieb in Weiterstadt eingesetzt.